JN090700

ファーブル驚異の博物誌

Les Incroyables Histoires naturelles de Jean-Henri Fabre

イヴ・カンブフォール［著］
奥本大三郎［訳］　瀧下哉代［訳］

X-Knowledge

本書が実現したのは、
動物写真家・映像作家のイヴ・ランソーの協力のお陰だ。
彼と共にこのプロジェクトを始めた、
作家でランソーの妹、
故カトリーヌ・トラヴァルに哀悼の意を捧げる。

Original title : Les Incroyables Histoires naturelles de Jean-Henri Fabre

Japanese translation rights arranged with Copyright 2.0
c/o Collier International, Sunbury-on- Thames, Middlesex, UK
through Tuttle-Mori Agency, Inc., Tokyo

Printed in Japan

「私はこの本を、本能とは何かという難問を
いつの日か少しでも解いてみようとする
学者や哲学者のために書いているのだが、
それだけではなく、とりわけ若い人たちの
ために書くのだ。…この博物学を、
若者たちが愛するようにしたいのだ」

ジャン＝アンリ・ファーブル

目次

＊本書は2016年4月に発刊した『ファーブル驚異の博物学図鑑』を修正のうえ、再編集したものです

序文

ジャン＝アンリ・ファーブルのことを想うとき、子供のころや学生時代の思い出がいっぺんによみがえってくる。人生のこうした時期に、私を取り巻いていた生き物たちの世界のなかで、特に虫たちをどんなにたくさん観察したことだろう。一度きりのこともあれば、継続的に観察したこともある。最初はサン＝ナゼールにあった田舎の学校に近い自宅の庭で、次に都会の住宅地の真ん中で、もっと後になって、理学部の学生時代にナントの路地に住んでいたときには、あまり手入れされていない花壇が隣にあり、そこでも虫たちを観察したものだ。

当時、よく素朴な疑問が湧き上がってきたが、それは昔から博物学者たちが抱いてきたものと同じだろう。「葉の切れ端を運んでいるこのアリたちは、いったい何をしているのだろう」「アリたちはどうやってコミュニケーションをとっているのだろう」「このヤスデはどうして体を丸めるのだろう」「地面をこんなにすばしこく走るクモは、何をしているのだろう」といった疑問だ。私はかなり早くから、節足動物と、人目に触れにくい彼らの世界に興味をもち、その後生態学を学んだおかげで、こうした生き物たちの関わり合いや、彼らの果たす役割と行動について、少し理解を深めることができた。

場合によっては何年も自然にひたり、誰もがみなしてきたように、自分なりのやり方で、さまざまな風景の中や、日常の世界の身近な場所や、地球上のはるか遠くの場所を歩き回り、自然の多様性の断片を発見したものだった。

『ファーブル昆虫記』は生物学を学ぶ学生が避けては通れないものだが、私も夢中になって読みふけり、感動を味わった。それは、初めてチョウが舞うのを見たときや、ツチボタルの幼虫が光る様子、アブラムシの甘露をテントウムシが食べているところ、でっぷりしたスカラベが葉の上で優雅に休んでいるところ、クモが絹糸で根気強く罠を織り上げている様子などを初めて見たときの感動を彷彿とさせるものだった。ファーブルの語りを通じて、発見の瞬間がいきいきと甦り、ほとんど知られていない動物学上のグループに関して、もっぱら顕微鏡でなければ見えないような、ごく小さな世界の美しさと複雑さがまざまざと目に浮かぶ。ファーブルは学者であったが、人生のある瞬間においてはむしろ芸術家だった、といわれるゆえんである。しかし、必ずしも科学理論を示さずに自然の事象を読み解くこういう手法は、動物行動学の先駆者の一人であるファーブルの総合的な観察を取り入れた、私のアプローチとも完全に一致していた。これは、野外での観察にもとづく詳細な記述と、研究室での管理下にある実験とを組み合わせた、素晴らしい手法である。

ファーブルは、1855年についに博士号を取得し、科学の初等教科書を多数出版してようやく生活が安定したが、それまでの30年近くの間、最初は小学校教師を、のちに高校教師をしていた。これもまた私の進路に方向性が似ている。私も高校卒業後には小学校教員（私の家族や親戚に多い職業だ）か他の教員になるか、大学で生物学を研究したい、という希望をもっていて、実際にそういう道をたどったのである。長年におよぶ研究と、昆虫とクモの関係についての博士論文執筆中に得た知識は、かれこれ30年間になる教育者兼研究者という今の職業で、ますます豊かになってきた。心の奥には常に、この知識をわかりやすくして伝えたい、人々と分かち合いたい、という強い願いがあり、これを決して忘れることはなかった。

『昆虫記』は多くの世代の心に刻まれ、これからも読み継がれていくことだろう。観察と実験を職業として目指す人たちをこれからも生み続けるだろう。観察にもとづく事実とその——論争の原因になりがちな——解釈をめぐる議論の扉を開くだろう。伝記を読むと、人生の晩年を情熱に捧げるため、1879年にアルマスの地に移り住んだ、ファーブルという類まれな人物の軌跡をたどることができる。私はこの場所を何度も訪れたことがあるが、庭のたたずまいにしても、再現された研究室の雰囲気にしても、時間が止まったままであるかのような素晴らしい印象をもった。私が訪れたのは学会やイベントの折りで、我々を取り巻く虫たちの世界を復興すること、この世界を構成する要素のひとつひとつをじっくり見つめ、それらの関わり合いを理解することが目的だったので、なおさら印象深いものがあった。こうした活動を、私もクモの研究を通じて長年行い、このほとんど研究されていないグループについての固定観念を払拭し、理解不足を補おうと努めてきたのである。ファーブルの『蜘蛛の生活』（英 義雄訳、洛陽堂、1919年）を私が初めて読んだのはだいぶ遅く、1990年代のことだったが、ちょうどこのころ私自身が、絹糸で綴られたクモの世界に夢中になって入り込んでいて、未来の世代にも一般のすべての人たちにも、とても大切な知識を伝えたいという思いが常に念頭にあった。

本書の巻頭に引用されているとおり、ファーブルはいみじくも次のように述べている。「私はこの本を、本能とは何かという難問をいつの日か少しでも解いてみようとする学者や哲学者のために書いているのだが、それだけではなく、とりわけ若い人たちのために書くのだ。…この博物学を、若者たちが愛するようにしたいのだ」

すでに多くの人たちがしてきたように、私たちは膨大な『昆虫記』を読破してその世界を堪能することができる。それでは、『昆虫記』を中心としたファーブルの人生の重要な一面を紹介する、新たな本を出版する意義とは何であろうか。「『昆虫記』の抜粋を通じて、別の角度からこの作品を紹介したい」というのが著者らの願いだ。扱われている虫たちを描いた当時の写真や絵に、現代の写真を織り交ぜた、斬新なレイアウトによる新たな挑戦である。博物学者ファーブルの軌跡を中心として、抜粋を選ぶのはたやすいことではなかったと思う。しかし、特に鞘翅目（甲虫類）や膜翅目（ハチ類）の他、『昆虫記』の最後の数巻で登場するクモの仲間など、動物学上で昆虫以外のグループに属するものも含め、当時ほとんど観察の対象とされなかった生き物に関する、ファーブルの多岐にわたる業績がうまく盛り込まれている。本書がよき案内役となり、素晴らしい創意工夫にあふれた自然の世界が、より一層身近になることを願ってやまない。

「私はクモたちとお互いに交流し合っているのである。つまり私は、クモが親しげに自分の研究室に入ってくるのを許してやり、書物のあいだや陽当たりのよい窓際に住まわせてやり、また野外のクモの住まいにもこちらから熱心に訪ねていく」『ファーブル昆虫記』は、かくも美しく脆い生き物たちの真実の姿を描き出している。

クリスティーヌ・ロラール（生物学博士／フランス国立自然史博物館 教授・研究員）

はじめに

AVANT-PROPOS

ジャン＝アンリ・ファーブルの生涯

LA VIE DE JEAN-HENRI FABRE

アヴェロン県からヴォクリューズ県へ（１８２３～１８４２年）

ジャン＝アンリ・ファーブルは１８２３年12月21日、南フランスのアヴェロン県のルーエルグ山地にある、サン＝レオン村で生まれた。やがて、マラヴァルの小集落でつつましく農場を営んでいた父方の祖父母に預けられることになる。

「父方の祖父母は大地で働き、生涯に一度も本を開いたことがなかった。それほど二人は徹底的にアルファベットと縁が切れていた。寒冷なルーエルグ高地の、貧しい花崗岩大地を耕していて、家はエニシダとヒースの茂る中にぽつんと建っており、まわりには、どこにも家などなく、時折オオカミに襲われる……それが二人にとっての世界なのであった。市の立つ日に、仔牛を連れて通るまわりの村々を除いたら、それ以外の土地のことはまったく知らないか、ただぼんやりと人の話で聞いているだけなのであった。

この人里離れた淋しい土地の泥炭質の窪地は、足が潜るような湿地で、表面が虹色に輝く水が滲み出し、牧草がよく茂っていて牝牛の食料となっていた。この牛がおもな財産なのであった。

夏になると、丈の低い草の生えた傾斜地に昼も夜も羊を囲い込んでいたが、羊たちは三叉のフォークで支えられた柵でオオカミから守られていた。[…]

気候が厳しいので、農業のほうは牧畜ほど発達していなかった。適当な時期を見計らってエニシダの生えた荒れ地に火を放ち、その野火の灰の肥料をもらった土地を犂で耕すのであった。

こうして、わずかばかりの畑にライムギ、カラスムギ、ジャガイモが作られた。いちばんよい一角には麻を作った。これは家の紡ぎ棒と錘に麻布の材

料を供給してくれた。それが祖母のための、特別の収穫なのであった。
祖父は、つまり、牛を飼うことと羊を飼うことを何よりもよく心得ていたけれど、それ以外のことに関してはまったく何も知らなかった。［…］――幼児の遊びの年頃を過ぎた者が、自分のまわりでキリギリスを飼ったり、糞虫を掘り出したりするなんてとんでもない！　この人がそんなことを良い、などと言うものか！」

第6巻3章より抜粋

7歳のとき、ファーブルは懐かしいサン＝レオン村の父親の家に戻ってきた。このころの思い出を回想するファーブルは70歳を超えていた。幼いころに心に刻まれた最初の印象は、「そこに消しがたい印象を残すものであり、それを年月が、ぼかしてしまうどころか、かえっていきいきさせる」（第8巻8章）と、哀愁を込めて語っている。

「私はあんなに大昔に棄(す)ててきた自分の村を隅々まで詳しく憶(おぼ)えている。ところが、人生の偶然が私を連れていったいくつもの町については、よく知らないのだ。魅力に満ちた優しい絆(きずな)が私たちを生まれた土地に結びつけている。我々は、最初に生えた地点から根を断ち切ることなしには去ることができない植物のようなものである。いかに貧しいところであろうとも私は、あの懐かしい村をもう一度見たいと思う。そこに私の骨を埋(うず)めたいと思うのだ。［…］そんな他の出来事など、父が祖父から受け継いだ家の庭の思い出の前では色(いろ)

褪(あ)せてしまうであろう。この小さな庭はまるで空中庭園で、長さは三十歩、幅は十歩ばかり。村のずっと上の、いちばんてっぺんのあたりにあった。この家の庭を見下ろす場所はただひとつ、小さな見晴らし台だけであって、そこには、今では鳩小屋として使われている四つの塔のある古いお城が聳(そび)えていた」

第8巻8章より抜粋

幼いファーブルは村の学校に通い始めた。先生はファーブルの名付け親で、床屋や鐘撞(かねつ)き男や聖歌隊員の他、教会の大時計の時刻を合わせるのも仕事の一つだった。藁(わら)の山が床に置いてあったり、雌鶏や仔豚といった動物たちが生徒たちの間を歩き回っている、まるで17世紀のオランダ絵画から抜け出してきたような自宅を教室として、さまざまな仕事の合間に教えてくれた善良な人物だった。

「七つになり、学校に通う時が来たのだ。[…]それにしても私がアルファベットの文字を習うことになったあの部屋のことを何と呼んだらいいだろう。それを正しく言い表す言葉はたぶんないだろうと思う。というのは、その部屋はありとあらゆることに使われていたからである。あるときは学校であると同時に、台所であり、寝室であり、食堂であり、そして場合によっては鶏小屋であり、豚小屋でもあった。[…]いや、まったく、楽しいことがいくらでもあった。[…]

野外での学習にはほかの楽しいことがあった。先生がツゲの生け垣のカタツムリを踏みつぶしに連れていくとき、私はいつもまじめに、カタツムリ退治の務めを果たしたわけではない。取って集めたカタツムリの山を踵（かかと）でぐしゃっと踏みつぶすのをためらうことがよくあった。カタツムリはとても美しかった。考えてもみてほしい、殻が黄色いのも薔薇色のも、白いのも茶色いのもある。どれも螺旋を描く黒い帯をつけているのだ。私はあとでゆっくり眺めようと、特に色のきれいなのをポケットにいっぱい詰め込んだものだ。先生の牧場での草刈りの日には、〔…〕私はハンノキでソライロコガネを摑まえた。これは空の青色も顔負けの美しい甲虫（こうちゅう）だ。〔…〕クルミを竿で叩き落として収穫するとき、ほかに何も生えていない痩（や）せた草地でバッタを見つけた。バッタたちは翅（はね）を扇（おうぎ）のように広げて飛ぶとき、あるものは青く、あるものは赤く見えた」

第6巻4章より抜粋

こういう学校でファーブル少年が学んだものといったら、九九の表ぐらいなものだった。いちばんできる生徒が暗唱し、それに続けてクラス全員が合唱するのである。だが、ファーブル少年は一向に字が読めなかった。先生は年少の子供たちに教える時間がなかったからである。そんなとき、父親が買ってくれた、動物の絵が書かれたアルファベットの教材が功を奏する。その後、ラ・フォンテーヌの『寓話(ぐうわ)』をもらったのも幸運だった。それは行商人が田舎で売り歩いていたわずか「20スー」(1フラン)の本だった。

「絵は神聖な獣(けもの)、驢馬(ろば) âne(アーヌ) で始まっていた。その名の、大きく書かれた頭文字によって、私はA(アー)という文字を覚えた。牛 boeuf(ブフ) はB(ベー)を教えてくれ、家鴨(あひる) canard(カナール) はC(セー)を、そして七面鳥 dindon(ダンドン) はD(デー)を勉強させてくれた。そうやって他の文字も覚えていった。仕切り枠の中には、たしかによくわからないものもあった。H(アシュ)やK(カ)やZ(ゼド)を発音させるための、カバ hippopotame(イポポターム) や、南米のカンムリサケビドリ kamichi(カミシ) や、瘤牛(こぶうし) zébu(ゼビュ) とはなじみがなかった。こんな異国の動物は、実際に見て知っているものではないから、抽象的な文字では実感が湧かなくて、しばらくのあいだKやZのような子音は耳慣れず、覚える気がしなかったのである。

それはともかく、難しいところは父親が教えてくれたせいもあって、私はみるみる進歩をとげ、[…]要領がわかり、たどたどしく読めるようになったのであった。両親はびっくりして喜んだ。この突然の進歩をいまになって私は説明できる。天からの啓示のようなあの絵が、私を動物たちと仲良くさせてくれたので、私の本能とぴたりと一致したのである。動物たちが私との約束を守ってはくれなかったにせよ、少なくとも私が字が読めるようになったのは彼らのおかげだったのだ。ほかのやり方でもたぶん、私は字が読めるようになったであろうけれど、こんなに早く、しかもこんなに楽しくとはいかなかったであろう。まさに動物さまさまである。

幸運はもう一度私に微笑(ほほえ)んだ。この進歩の御褒美(ごほうび)に、ラ・フォンテーヌの『寓話(ぐうわ)』をもらったのだ。値段は二〇スーと安かったけれど、挿絵がいっぱい入っており、小型で、間違いはたくさんあったが、素晴らしく魅力的だった。そこに出てくるのは、カラス、キツネ、オオカミ、カササギ、カエル、ウサギ、驢馬、犬、猫など、すべて私の知っている登場人物ばかりだった。ああ、なんと素敵な本だったことか。下手(へた)な絵ではあったものの、私の好みにぴったり合っていた。動物たちが活動したりしゃべったりす

るのだ」

第6巻4章より抜粋

1834年7月、ファーブルの父親はロデーズにカフェを開業するとともに、イエズス会が16世紀から運営している名門の中等学校(コレージュ)に、息子を通学生として無事入学させた。ファーブルが転入した第7級は、当時はラテン語を学び始める学年だった。田舎の小さな学校から、いきなりフランス有数の中等学校に転校したため、もちろん最初は苦労したが、ファーブルはめきめき頭角を現した。そして、クラスで首位になると、学生時代の3年間その地位を譲らなかった。田園生活や農耕をうたったウェルギリウスの詩を暗唱し、そこに大好きな自然を見出したファーブルは、生涯ウェルギリウスをこよなく愛した。ただし、学校では、もっと難解な作品を勉強させられることもあったようだ。学業に励みながらも、ファーブルは生き物たち、特に昆虫たちのことを決して忘れることはなかった。そして、自由になる時間ができるとすぐ、彼らの世界に飛び込んでいくことになる。

「授業の時間に、ラテン語やギリシア語の訳読(やくどく)、作文がよくできた［…］だんだんと学力が進歩して、私はウェルギリウスが読めるようになり、［…］こうした登場人物たちが活動している世界の背景には、ミツバチやセミやキジバトやカラスや山羊やエニシダについての、世にも美しい描写があった。響きのいい詩句で語られるこんな野原の生き物に接することは、本当に楽しいことだった。そういうわけで、ラテンの詩人ウェルギリウスは私の学校時代の思い出のなかでも、もっとも忘れられない印象を残しているのである。［…］

また、「宗教」なる小ラシーヌの詩を暗唱させられたものであった。神学なぞよりビー玉遊びのほうが気になってしかたがない子供にとって、実際これは変な詩であった。いまでも私は二行半だけ覚えている。

…………そうして泥水の中にまで、
昆虫はわれわれを呼び、自分の値打ちをつよく信じて、
あえて訊くのだ。何ゆえ軽蔑するのかと。

どうしてこの二行半だけ記憶に残っているのか、そうしてあとはなにも残っていないのか。スカラベと私はすでにもう友だち同士だったのである。この二行半の詩句はとても気になった。あれほどきれいな衣装を着け、あれほど身ぎれいにしているおまえたち昆虫を、泥水の中に住まわせようという考えは非常に突飛であると思われたのだ。私はオサムシのブロンズの鎧や、クワガタムシの、ロシア革のようにつやつや光るコートを知っていた。おまえたちのなかのもっとも小さいものでも、黒檀の輝きや貴金属のきらめきをもっていることを知っていた。だから詩人がおまえたちを泥まみれにさせたことに、私はちょっと憤慨したのであった。［…］

次の授業のために、こんなうんざりするような詩の何行かを口の中でぶつぶつ繰り返しながら、私は自分で好きなように別の種類のことを勉強していた。私の背丈くらいのセイヨウトショウの茂みの中に、営巣中のムネアカヒワを探したり、地上でドングリをあさっているカケスの様子をそうっとのぞいてみたり、脱皮したばかりでまだ新しい皮がやわらかいザリガニを摑まえたり、コガネムシが発生する正確な時期について知ったり、その年はじめてのキズイセンの花を探しに行ったりした。動物と植物という、目を見張るような詩のこだまが、私の若い頭のなかにぼんやり目覚めかけていたけれど、それが小ラシーヌの熱のない十二音綴(アレクサンドラン)の詩句を一時忘れさせてくれるのであった」

第6巻4章と第2巻4章より抜粋

ところが、父親の仕事が長続きしなかったために、１８３７年から各地をさまよう暮らしが始まった。一家は引っ越しを繰り返し、トゥルーズ、モンペリエなどを転々とした後、アヴィニョンにたどり着いた。この街で再び運が向いてくる。ファーブルは初等師範学校の奨学生の入学試験に合格したのである。１８４０年6月に入学を認められると、わずか2年で卒業し、小学校上級教員免許を見事に取得した。この快挙に続き１８４２年10月1日にはカルパントラの小学校の教員に任命された。

カルパントラ、アジャクシオ、アヴィニョン（１８４２～１８７０年）

小学校教師は名誉な職業ではあったが、給料は安く、食べていくのでせいいっぱいの生活だった。ファーブルは１８４４年に結婚し、やがて子供も生まれ、一家の長となっていたので、なんとか収入を増やす方法を探していた。真っ先に思いついたのは、教育の分野に留まり、高等中学（リセ）の教師になることだった。ただし、この時代、博物学は数学とは違って高等中学で教えられていなかった。「結局私には数学が残されていた。道具も簡単ですむ。黒板とチョーク一本、そして何冊かの本」（第6巻4章）

そこでファーブルは必死で勉強に励み、１８４７年には数学、１８４８年には物理と、立て続けに二つの学士号を取得した。そのかいあって、１８４９年1月からコルシカの主都アジャクシオの高等中学に、物理と化学の教師として赴任することになる。家族みんなで船に乗り、コルシカ島に引っ越した。素晴らしい自然を目の当たりにしたファーブルは、植物や動物への愛情をもはや抑えることはできなかった。

「今度は誘惑があまりに強かった。コルシカの海は驚異に満ち、砂浜にはこの上もなく美しい貝殻が打ち寄せられ、ミルテやヤマモモドキや乳香樹から成る、丈が低く密生したマキと呼ばれる森。素晴らしい自然のこの楽園全部が、サイン、コサインを蹴散らすのであった。私はその魅力に屈伏して、余暇を二つに分けた。まず大きく数学に割いた。私の心積もりのとおりにいけば、これはいずれ大学教授になるための基礎となるものである。もう一方の時間はおずおずと、植物採集や海の小動物の探索に割いた。[…] 我々は風にも

てあそばれる藁屑のような存在である。自分の意志で選んだ目的地のほうに進んでいると思い込んでいるとき、運命は別のほうに我々を運んでいく。若いころ、いちばん多くの時間を費やした数学は、ほとんど私の役に立っていない。ところが、できるかぎり自分に禁じた虫のほうは、年取った私を慰めてくれる」

第6巻4章より抜粋

高名な博物学者たちがファーブルのもとを訪れた。最初にやってきたのは植物学者で古生物学者のルキャンで、自分で収集した植物をもとにアヴィニョン自然史博物館（現在のルキャン博物館）を創設した人物だ。ついでトゥールーズ大学教授、のちにソルボンヌ大学教授となるモカン＝タンドン。この二人の学者は、職を見つけるのは難しいかもしれないが、数学などはやめて、絶対に博物学の道を目指すべきだと、ファーブルを説得したのであった。

１８５２年12月9日、ファーブルはアヴィニョンの高等中学の物理教師に任命される。コルシカ島に赴任した１８４９年1月から、小学校教員時代よりははるかに高い給料をもらっていたが、それでも「金持の馬丁の給金よりも少ない額しかもらっていない」（第1巻3章）のだった。貪欲ではなかったが、ファーブルは自分自身の価値をよく知っていた。特に、妻と子供たちにもう少し楽をさせてやりたいと思っていたのである。自分の進むべき道についてさまざまな可能性を検討したファーブルは、三つの結論を引き出した。第一に、せっかく再開し、しかも軌道に乗っていた昆虫の研究を二度と諦めたくない、ということだった。ファーブルの最初の研究は、じきにフランスの主要な学会誌『自然科学年報』に発表されることになる。博物学の学位取得を決意したファーブルは、１８５４年に学士号を、続いて翌１８５５年にはソルボンヌ大学で博士号を取得する。１８５８年、ファーブルはついに教員資格の最高位に昇進し、アヴィニョンの高等中学の教師になったのである――ただし収入はちっとも増えなかった。

第二にファーブルが考えたのは、南フランスで広く栽培されていたアカネの天然染料で収入を得ることだった。アリザリンという色素を効率よく抽出し工業化しようと考えたのである。その技術開発には成功したものの、時すでに遅し。というのは、外国の二つの化学者チームがアリザリンの人工合成に成功したからである。

> 「工場が順風満帆で稼働しはじめるか始めないかというちょうどそのとき、あるニュースが広まってきた。はじめそれはぼんやりした風評のようなものであった。確実な話というよりは、そんな可能性もある、という程度の噂だったのだが、その後、もはや疑いの余地のない確かなものとなった。アカネの染料が化学的に造り出されたのだ。[…]すべては終わった。私の夢は完全に崩れ去った。で、今度は何をすればよいのだろう。梃子（てこ）を変えてシジフォスの岩をもう一度転がしなおすことにしよう。アカネの桶が私に拒んだものを、インク壜から取り出すよう頑張ってみよう。さあ、働こう（ラボレームス）！」
>
> 第10巻22章より抜粋

「インク壜から取り出す」という表現が示唆しているのが、第三の道だ。少し過去にさかのぼって話そう。カルパントラの学校に、ファーブルの同僚でエイセリクという名の「学校の有力者」がいた。横柄なところのある人物だったので、ファーブルは、大学入学資格（バカロレア）の準備に必要な数学の本を貸してほしいと頼むくらいなら、夜間に同僚のオフィスに侵入して本を「盗む」ほうがましだと考えて、なんとそれを実行したのである。ところで、エイセリクは教科書、特に数学の教科書を何冊も出版していたので、その印税収入がかなりあった。おそらくこの同僚と結局は親しくなったのだろう、彼を手本にしようと考えたファーブルは、1860年ごろ、その経験にあやかるためエイセリクのもとを訪ねている。そして早くも1861年の終わりごろには、初めての著書『農業化学の話』（安谷寛一訳、アルス、1930年）を出版する。この小冊子は期待を凌ぐ成功を収めた。文部大臣のヴィクトール・デュリュイは、この本を賞賛し、著者ファーブルを二人の人物に紹介した。一人は時

の皇帝ナポレオン三世。もう一人はファーブルにとって特に重要な人物、若く野心的な出版者シャルル・ドラグラーヴであった。

こうして出会ったファーブルとドラグラーヴは、その後50年以上の長きにわたり親交を続けていく。さっそく、「科学入門」と題したシリーズが作られ、『La Physique（物理学）』（1864年）、『地球の解剖』（1865年）、『天体の驚異』（1867年）、『Le Livre d'histoires（歴史）』（1869年）、『荒らし屋たち』（1870年）（山内了一訳、岩波書店、2004年）など、小冊子が次々と刊行されていった。1867年にファーブルは出版社を替えたことがある。このとき、『ファーブル植物記』（日高敏隆、林瑞枝訳、平凡社、1984年）という素晴らしい作品がガルニエ出版社から発表されたが、この1冊限りとなる。再びドラグラーヴ出版に戻ってからは、他の出版社に移ることはなかった。結局、ドラグラーヴから100冊以上の小本が出版されている。印税収入のおかげで十分暮らしていけるようになったファーブルは、1870年8月に高等中学教員の職を辞任した。

オランジュとセリニャン（1870～1915年）

1870年の終わりごろ、ファーブルは妻と子供たちはもちろん、猫たちも連れ、アヴィニョンからオランジュに移り住んだ。オランジュでは、安定した収入のおかげで大きな一軒家

を借りることができた。それと同時に、ファーブルは近隣に土地を探し始める。十分な広さがあり、自然のままで、たくさんの虫たちがいる土地に住めれば、自宅にいながら心ゆくまで虫たちを観察できるからだ。ついに、セリニャン＝デュ＝コンタに理想の土地を見つけたファーブル一家は1879年5月に引っ越しをする。

「これこそ私の願いだった。古代ローマの詩人ホラティウスが、「コレハ我ガ祈願ノウチニアリキ」と歌ったもの、すなわちわずかばかりの土地。もちろんたいして広くはない。が、囲いがあって、うるさい街道からは隔てられている。ものも実らぬ、太陽に灼かれた、アザミとハチの好む、忘れられたわずかばかりの土地。ここなら、通行人に邪魔される恐れもなく、ジガバチやアナバチにものを尋ねることができるだろう。言葉のかわりに、実験によって質問をし、答を得るという、あの困難な、虫との対話に没頭することもできるだろう。ここなら、遠くまで出かけて時間ばかり浪費することもなく、さんざん歩きまわってへとへとになり、注意力散漫になってしまうこともない。虫を攻略する方法をあれこれ考え、罠をしかけ、その効果のほどを、毎日、そしていつでもたどることができるであろう。

「コレハ我ガ祈願ノウチニアリキ」――そうだ、これこそ私の願いであり、夢であった。憧れ続けてきたのに、いつも未来という霞のなかに逃れ去っていた、私の願いであり、夢だったのだ。それに日々の糧(かて)をどうやって手に入れるかという、恐ろしい心配事にとらわれているものにとって、野原の真ん中に実験室をもつというのは、容易なことではない。四十年間というもの、私は一歩もゆずらず貧困と闘ってきた。そうして、あれほど欲しかった研究の場がとうとう手に入ったのである。[…]それは荒地(アルマス)である。このプロヴァンス地方では、タイムの茂るにまかせた、石ころだらけの荒地のことをこう呼んでいる」

第2巻1章より抜粋

誰にも邪魔されることのないこの場所で、ファーブルは時間の半分を虫の観察に費やし、残りの半分を本の執筆に当てることになる。というのも、アルマスに引っ越した1879年に、ドラグラーヴ出版社が『昆虫記』第1巻の出版に最終的に合意したからである。この第1巻は、アルマスに移り住む前に行われた観察の結果をまとめたものだ。これ以降、毎日の生活のリズムの他に、一定のスケジュールが確立した。ほぼ3年に1冊の割合で、ファーブルは原稿を書き上げてドラグラーヴ出版社に送っている。そうして、1882年から1907年の間に、『昆虫記』の続編、第2巻から第10巻までが出版されていく。この類まれな作品は、ファーブルが観察した虫の生態に、自伝風の物語が織り込まれているのが特徴だ。最初はフランス国内で、ついで世界中で人気を博し、多くの言語に翻訳されている。ただし、国内外で賞賛の声が高まったのは、著者ファーブルが人生に対する執着をほぼ失った時期だった。フランス大統領は1913年にアルマスを訪れ、ファーブルを表敬訪問した。そして、1914年に第一次世界大戦が勃発すると、すべてが止まった。1915年10月11日、ファーブルは静かに息を引き取った。

再生する自然への賛辞

1879年に出版された『ファーブル昆虫記』第1巻で、その冒頭を飾る文章としてファーブルが選んだのは、1875年10月の『LA PLANTE（植物の話）』で次男ジュールに捧げたものだった。キリスト教徒らしからぬ、生命の再生を讃えるこの文章は、ジュールが1877年に16歳の若さで早世した後では別の響きを帯びてくる。おそらくファーブルは、毎年、春の訪れとともに、まるで息を吹き返したように蘇る自然の中に希望を見出していたのだろう。このページの主役の一人、スカラベ・サクレは、古代エジプトでは死からの復活と不死の象徴だった。それは、『昆虫記』の根底に流れるメッセージにも通じている。ファーブルは『昆虫記』を、この世の命について書き綴られた現代のヒエログリフとしてとらえ、亡くなった息子のことを胸に抱きながら、どんなにちっぽけな虫であれ、生きとし生けるものは永遠に生き続けるのだという想いを込めているのだ。

春の饗宴

ざっとこんな具合に話が進んでいった。私たちの人数は五人か六人、私がいちばん年上であり、ほかの連中の先生なのであるけれど、それ以上に彼らの仲間であり友だちなのであった。彼らは若く、熱い心と陽気な空想力をもち、あの、人の心を開き、ものを知りたい気持ちでいっぱいにする、人生の春のみずみずしい力に満ちみちていた。

あれこれ語りあいながら、クサニワトコやサンザシにふちどられた小道を行くと、そこにはすでにキンイロハナムグリが満開の繖房花の上で、苦味のありそうな芳香に酔いしれていた。これから私たちは、レ・ザングルの砂地の高台まで、見にいくところだったのである——スカラベ・サクレがすでに姿を現わしているかどうか、そうして古代エジプトにおいては世界の象徴であった糞球を転がしているかどうか。

また私たちは調べにいくところだったのである——丘のふもとの流れでは、水面を覆うように繁茂しているアオウキクサの下に、サンゴのように細かく枝分かれした鰓をもつイモリの幼生がひそんでいないかどうか、小川にすむ優雅な小魚のイトヨが碧空の色と緋色とに染めあげた婚礼用のネクタイをもう着けているかどうか、南の国から着いたばかりのツバ

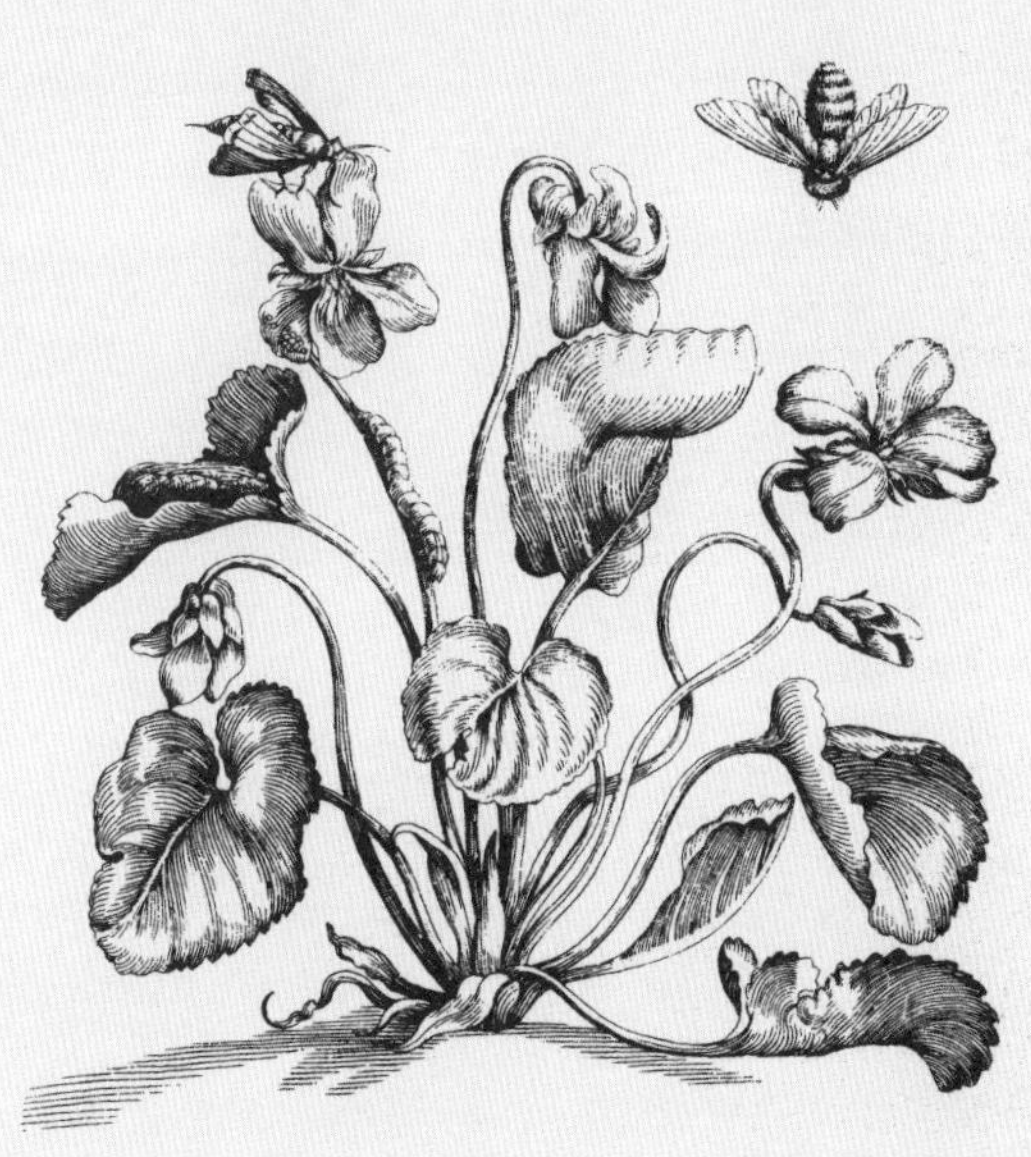

メが、細くとがった翼で草地の上をかすめて飛び、空中で舞い踊りながら卵をまきちらすガガンボを追っているかどうか、砂岩(さがん)に掘られた巣穴の入り口で、ホウセキカナヘビが、青い斑紋を散らした背中を陽に干しているかどうか、産卵のためにローヌ河をさかのぼる魚の群れを追って海からやってきたユリカモメが、群れをなして滑空しながら、ときおり狂人の高笑いにも似た鳴き声をたてているかどうか、そして……いや、このくらいでやめておこう。要するに、単純で素朴で、生き物たちとともに暮らすことに強い喜びを感じる私たちは、春の生命の目覚めのこのうえもなく楽しい饗宴のうちに、朝のひとときを過ごそうと出かけたところだったのである。

第1巻第1章より抜粋

「私たちは、春の生命の目覚めの
このうえもなく楽しい饗宴のうちに、
朝のひとときを過ごそうと
出かけたところだったのである」
── ジャン＝アンリ・ファーブル

NATURELLE
(Première année)
OUVRAGE
FABRE
PARIS
CH. DELAGRAVE
ÉLÉMENTS
D'HISTOIRE NATURELLE
DES
TERRAINS ET DES PIERRES
OUVRAGE RÉDIGÉ
Conformément au programme officiel du
PAR

ÉLÉMENTS
D'HISTOIRE NATURELLE
DES
TERRAINS ET DES PIERRES
OUVRAGE RÉDIGÉ
Conformément au programme officiel du 22 janvier 1885
PAR
J.-Henri FABRE
Docteur ès sciences
CLASSE DE SEPTIÈME

QUES
ÉCOLES PRIMAIRES
Degré supérieur
PAR
H. FABRE

LIBRA

Chimie (première année de
agrégé de l'Université, in-
Le même, cart.

アルマスのファーブル館に展示されているジャン=アンリ・ファーブルのコレクション

『ファーブル昆虫記』

LES SOUVENIRS ENTOMOLOGIQUES

1879年から1907年にかけて出版された大著『昆虫記』全10巻は、もちろん、虫たちのことがほとんどを占めている。とはいえ、ときどきファーブル自身が主役となり、自分の子供のころの思い出や家族のこと、将来の希望、あるいは挫折した経験談などについて語っている。人間の世界でのこういう経験は、誰にでも身近に感じられるもので、おそらくそこがファーブルの狙いだったのだ。つまり、虫たちの小さくて壊れやすい世界との架け橋になり、虫への嫌悪感を和らげて親しみやすくすることで、ファーブル自身が子供のころから味わってきた感動を読者と分かち合おうとしているのだ。とはいえ、すぐに本当の主役たちが登場する。

最初の主役は甲虫たちで、最も多くの紙面が割かれている。『昆虫記』第1巻（1879年）の冒頭を飾る、かの有名なスカラベも甲虫の仲間で、フンコロガシの一種だ。スカラベを神格化していた古代エジプトの神官や書記たちの時代からおよそ5000年というもの、この聖なる虫を科学的に観察したのはファーブルが初めてだった。しかし、アルマスの土地に落ち着く

糞を転がす二頭の「シジフォス」（画：エドワード=ジュリウス・デトモルト）

前に行われた研究では、スカラベの生態の全容を解明するには至っていない。研究を何年も続けた後で出版された第5巻（1897年）は、第1巻と同じようにスカラベ・サクレで始まっている。スカラベ・サクレの研究は、『昆虫記』全体の中でも特に記述が長い。スカラベに関するさまざまな発見に導かれた幸運や、身近な人たちに伝えた喜びについて、ファーブルは興奮気味に語っている。スカラベの巣穴を観察したときの感動的な場面は、『ファーブル昆虫記』のクライマックスのひとつだ。少し後の、スカラベのサナギをミイラと比較している箇所は、偶然にも、古代エジプトの埋葬習慣を理解する鍵となっている。古代エジプト人は、スカラベのサナギを真似たミイラになることで、スカラベのように蘇ろうとしたのである。

次に紹介されているのは、スカラベ・サクレの近縁種で、この研究は第6巻（1899年）、第8巻（1903年）、第10巻（1907年）と続いていく。特に注意を引かれるのが、最後の第10巻、ミノタウロスセンチコガネの巣穴の観察だ。年老いて身体が弱くなったファーブルは、一人で研究を続けることが難しくなり、子供たちに付き添ってもらうようになった。こうして、息子ポールが巣穴を発掘する作業を監督することができたのである。娘たちも一緒にファーブルに付き添うことがあったが、きれいな服を着たままで、作業の進行を間近で見守っていたという。

他にも多くの甲虫を取り上げた章があるが、数ページにわたるものもあれば、一段落に簡潔にまとまっているものもある。野生のミツバチに寄生するツチハンミョウについては、発表されたばかりの論文を受けて、第2巻（1882年）と第3巻（1886年）で繰り返し取り上げられている。ツチハンミョウは、幼虫の段階で外見が著しく変化し、ファーブルはこの驚くべき生態を「過変態」と呼んだ。第6巻で登場するシデムシは、小動物の死骸を土の中に埋め、卵を産みつける習性がある。

肉食性の甲虫たちには、
殺戮（さつりく）以外の仕事はない。
この甲虫たちの残忍さが
表しているように
「生きるために殺さなければならない」
というのもまた、自然の掟（おきて）なのだろう。

スズメバチとその巣(画:エドワード=ジュリウス・デトモルト)

最後の3巻でもっぱら登場するのは、草食性の甲虫たちだ。体と同じくらい長く伸びた口先(吻)を使って、ドングリに穴を開けるときのゾウムシの曲芸は、ときには悲劇的な結末を迎えることがある。足が滑って、口先がドングリから抜けなくなり、再び足場を確保できないとお陀仏なのだ。ゾウムシのお次はヒロムネウスバカミキリだ。この大型の昆虫がファーブルの興味を引いたのは、科学的な理由からではなかった。幼虫を見て、もしかしたら古代ローマで美食とされたことで知られる、コッススではないかと思ったのだ。ファーブルがこの幼虫を振る舞った、セリニャン村のアカデミー会員が一堂に会した謝肉祭（カーニヴァル）の最終日、マルディ・グラの正餐は、忘れられない思い出となった。最後に紹介する、肉食性の甲虫たちには、殺戮以外の仕事はない。この甲虫たちの残忍さが表しているように「生きるために殺さなければならない」というのもまた、自然の掟なのだろう。

『昆虫記』の中で甲虫よりやや記述が少ないものの、ハチの仲間たちも、ファーブルの興味を激しくそそる一連の問題を呈示していた。ミツバチ、アリ、ある種のスズメバチなど、真社会性をもつ虫たちがこのグループに属する。ファーブルが研究したさまざまな種類の野生のミツバチは、このグループの虫たちが、単独行動をとる状態から社会行動をとる集団へと、どのように移行したのかを教えてくれる。移行のどの段階においても、ハチたちは幼虫の世話をする。幼虫のために、粘土、葉、繊維、樹脂などを使ったさまざまなタイプの巣を準備し、そこに花粉や花蜜（あるいはハチミツ）を集めて幼虫の食料として貯蔵する。観察の過程で、ファーブルは生物学上の重要な発見をした。それは「母バチは卵の性を産み分けられる」ということだ。

ファーブルはアリにはわりあい関心が薄かった。唯一興味をそそられたのが、自分たちの巣から遠く離れた他のアリの巣を襲撃した後、もとの巣までの帰り道を覚えているアリたちである。ファーブルが師

狩りバチの幼虫はみな肉食で、
親は幼虫のためにミツバチよりも
さらに変化に富んだ巣を準備する。
巣に蓄えられる餌は
もはや植物性のものではない。

と仰ぐ、レオミュールやデュフールにより研究されたハチたちは、『昆虫記』で有名になった。それは、ファーブルが「暗殺者」と呼んだ、単独性の狩りバチだ。狩りバチの幼虫はみな肉食で、親は幼虫のためにミツバチよりもさらに変化に富んだ巣を準備する。巣に蓄えられる餌はもはや植物性のものではない。狩りバチは他の昆虫やクモを狩り、毒を注入して獲物の動きを止める。麻痺させられた不運な虫は卵を産みつけられ、生まれてきた幼虫に生きたまま貪り食われるのだ。

ファーブルが狩りバチの習性を紹介した章は、スカラベの章と並んで『昆虫記』の中でも特に名高い。ダーウィンの自然選択説の誤りをファーブルが鋭く指摘している箇所もこれらの章にある。ファーブルは狩りバチの観察にもとづいて、本能は種の発生からもともと備わっていたものだと考えた。これほど精密に適応した行動が、何千年も手探りするように進化を続け、自然選択により到達できたとはとうてい考えられない。ほんのささいな間違いがあっても、幼虫に死をもたらし、ひいては子孫を残すことができないからだ。たとえこの概念が説明できないものだとしても、こうした行動は種が発生した時点で完成されていたはずだ、とファーブルは主張する。「暗殺者は三回刺す」と副題のついた第1巻7章は、『昆虫記』全体の山場のひとつで、虫たちのドラマティックな物語が最高潮に達する。アナバチがコオロギを襲

ダーウィンが生きていたころに書かれた
この部分から、ファーブルと
この偉大なイギリス人科学者との対話を
垣間見ることができる。

う場面は、一度読んだら忘れることができない。アナバチはコオロギを押さえつけ、獲物の体に毒針を三度繰り返して刺す。でたらめに刺すのではなく、正確に場所を定めて刺すのだ、とファーブルは言う。この観察をもとに、ダーウィンへの非の打ち所のない反論を導きだした。アナバチは、どんな科学理論でも説明がつかない、神業のような本能に導かれ、コオロギの三つの神経中枢を刺している、と。ダーウィンが生きていたころに書かれたこの部分から、ファーブルとこの偉大なイギリス人科学者との対話を垣間見ることができる。ダーウィンがファーブルに宛て、さまざまな実験を依頼した手紙も残っている。こうして始まった二人の親交も、１８８２年のダーウィンの死をもって終わりを迎える。反論してくれる好敵手を失ったファーブルは、その後も進化論を厳しく批判しつづけていくが、それが彼の科学的名声を傷つけることになる。

『昆虫記』の最後の数巻は、それまでの巻に比べ、さまざまな虫が取り上げられ、回想録のような章も多い。ハチの仲間たちはすっかり影を潜める。それに代わるのが、クモの仲間など、昆虫以外のグループに属する虫たちだ。すばしこい地上性のクモや、緻密な幾何学的原理に則り巣を織り上げる大型のニワオニグモ、残虐なサソリたち。サソリの婚礼ダンスは、その後に繰り広げられる残忍な結婚生活への前奏曲にすぎないのだ。カマキリにも似たような印象を受ける。サソリの婚礼に輪をかけて野蛮な、カマキリの婚礼に触発されたファーブルは、有名な場面を書き上げた。それは、若干病的ではあるが、虫たちの小さな世界、いや、自然全体の残忍さ、凶暴性を映し出しているにすぎない——強奪や殺戮はいたるところで行われているではないか。自分自身が食われないためには、他の生き物を貪り食うか、少なくとも搾取しなければならないのだ。そんなイメージからはほど遠いキリギリスでさえセミを狩る。セミのいないヨーロッパ北部では、セミというのはキリギリスのことだ、と取り違えられている。ファーブルは有名な歌姫であるセミの死を悼むだろうか。とんでもない。セミの歌を愛でるどころか、古代ギリシア人と同じように、騒々しくて耐え難いと思っていたのである。それでもファーブルはセミの習性を研究し、ラ・フォンテーヌの書いたセミの物語に対して、真実を突きつけた。食料をセミに頼って生きているのはアリのほうなのだ、と。地下で暮らすセミの幼虫は、実験に値する興味深い問題を提起した。またファーブルは、アリストテレスが絶賛した、食材としてのセミの幼虫の価値についても興味をもっていた。

紹介したい名場面は他にもたくさんあり、『昆虫記』という、生き物たちの劇が繰り広げられる広大な舞台には、まだまだたくさんの虫たちが続々と登場する。チョウやガの仲間を代表して『昆虫記』に取り上げられているものに、『パンタグリュエル物語』のパニュルジュの羊のように行進する、マツノギョウレツケムシがある。しかし、何といっても印象深いのは、オオクジャクヤママユであろう。このガが飛び交いアルマスの家中を占領した「オオクジャクヤママユの夜」は、忘れることのできない一夜となった。ワタムシのことも忘れてはならない。テレビントの木に寄生するワタムシは、宿主の木に、どう見ても果実にしか見えない、驚くような虫瘤（むしこぶ）を造る。カイガラムシの仲間で、セイヨウヒイラギガシに寄生するケルメスタマカイガラムシは、幼虫を保護するために、自らの体を殻に変える。一方、ハカマカイガラムシは、蠟の揺り籠となって、子供たちに遺してやるのだ。青緑色や灰色や青色をした卑しいハエでさえも、ファーブルの注意を引いた。もはや非常に高齢になっていたファーブルは、ハエたちのために小動物の死体を晒してやり、人類の運命について瞑想に耽るのであった。夜、星空の下で、コオロギの奏でる歌に耳を傾けていたファーブルは、揺るぎない確信をもつ。生きとし生けるものは、どんなに小さかろうとも、「生命のない厖大な無機物」よりも価値があるのだ、と。

> 紹介したい名場面は他にもたくさんあり、
> 『昆虫記』という、生き物たちの劇が
> 繰り広げられる広大な舞台には、
> まだまだたくさんの虫たちが続々と登場する。

『ファーブル昆虫記』より抜粋

EXTRAITS DES SOURENIRS
ENTOMOLOGIQUES

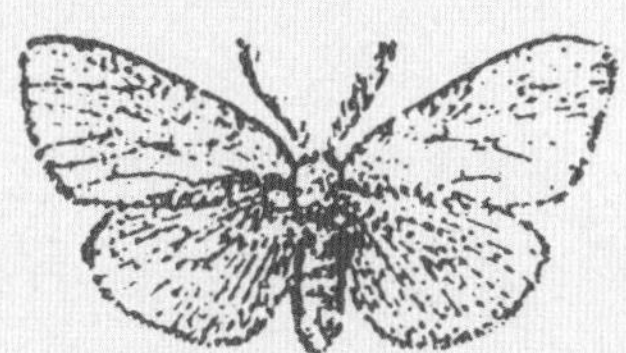

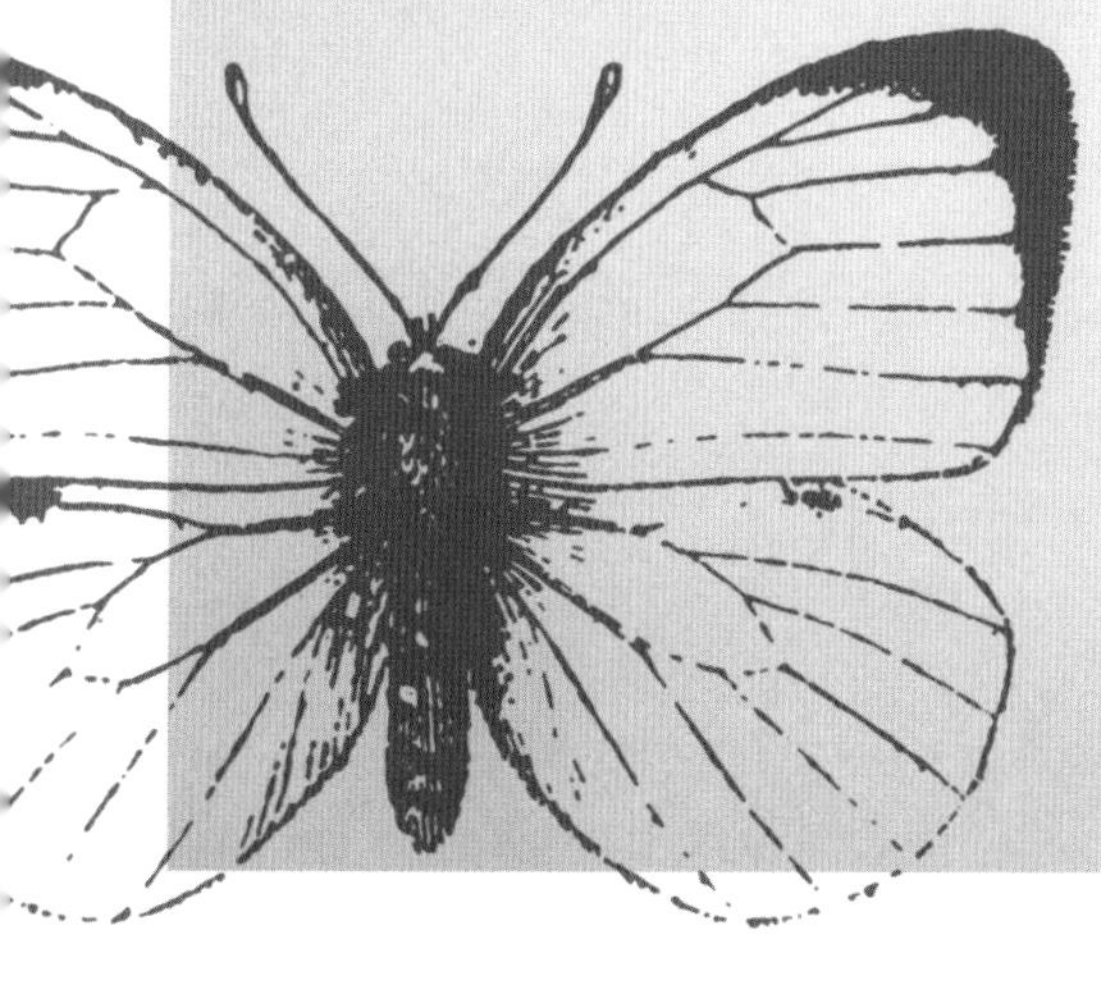

狩りバチ：狩人の本能

LES GUÊPES CHASSERESSES:
L'INSTINCT DU CHASSEUR

ハチの巣造り — ツチスガリ — 短剣の三刺し

Cerceris sp.

Cerceris sp.

昆虫には特に当てはまることだが、動物は一般的に、習性にもとづく次の二つのグループに分けられる。

一．雌は大量の卵を産み、子の世話をせず、ごく少数の子が成虫になるもの。二．雌が産む卵や子の数は少ないが、子に食料を与え、子を捕食者から守るもの。

昆虫ではどちらのグループも知られている。第二のグループに属する種は、非常に複雑な行動をとることが多いので、次のような疑問が浮かぶことがある。「もって生まれた本能だけで、彼らの行動が導きだされるものなのか、それとも、場合によっては優れた判断力をもつ証なのではないか」と。昆虫に備わった複雑な行動の取り方やその結果に心から感服しながらも、ファーブルは昆虫が思考力をもつ可能性を、原始的なものであれ、完全に否定した。昆虫に授けられているのは本能だけであり、「本能にはどんなに難しいことでも不可能はない」が、それは「行うべきことが、虫に予定されている通常の範囲にはずれない」場合にかぎられており、「超越的な知恵」により予め定められているものだ、と主張した。

ハチ類の二つのグループ、狩りバチとミツバチの仲間を対象に、長年にわたり綿密な研究が行われた。狩りバチの成虫は、ミツバチのように甘味物質を餌にするが、ミツバチとは異なり、幼虫は肉食性である。ファーブルは30歳ごろ、レオン・デュフール（１７８０～１８６５年）というランド地方の著名な昆虫学者の論文に感銘を受けたことをきっかけに、本格的に昆虫を研究するようになったと『昆虫記』の回想録の部分で語っている。その論文とは、特定の科に属する甲虫だけを狩り、生まれてくる幼虫の餌として巣に貯蔵する、タマムシツチスガリという狩りバチの習性を研究したものだった。幼虫が生まれてくるまでの数週間の間、動かなくなった獲物がどうやって新鮮さを保っているのか、デュフールは疑問に思った。ファーブルは彼の研究を補い、獲物が新鮮なのは、生きているからであることを突き止めた。狩りバチの毒で麻痺しているだけだったのである。この部分を読むとき、しばしば読者の心にある感情が沸き起こる。獲物は運動器官が麻痺しているだけなのだから、おそらく完全に意識はあるはずで、そうやって生きたまま幼虫に貪り食われながら、苦しみを感じているのではないだろうか、と。同時に、もっと哲学的な二つの疑問も湧いてくる。狩りバチは、獲物を見分けるのに必要な昆虫学的な知識をどこで学んだのだろうか。また、一撃で獲物に麻酔をかける解剖学的な知識をどうやって手に入れたのだろうか。

狩りバチとミツバチ

狩りバチとミツバチの仲間では、生まれてくる幼虫のために成虫が巣造りをし、その巣の中に幼虫の食料を蓄える。こうしたハチの巣には、地面に掘った簡単な巣穴もあれば、植物繊維(一般的なハチ)や泥(スズメバチやカベヌリハナバチ)を使った複雑な構造物まで、さまざまな種類がある。巣造りの能力と帰巣本能に加え、獲物を狩り捕獲する戦略など、ハチたちの驚くべき習性は、ファーブルをその長い生涯の間魅了し続けた。ファーブルの畏敬の念が込められた、最も素晴らしい記述の一つをここで紹介しよう。

ハチの巣造り

子供たちを守るために巣を造ることは、本能のさまざまな能力の現われのなかでも、もっとも高度なものである。巧妙な建築家である鳥類は、われわれにそのことを教えてくれるが、その鳥類よりも、もっと多様な才能を有している昆虫は、そのことを繰り返しわれわれに教えてくれている。「母性は本能に霊感(インスピレーション)を与える至高の存在である」と昆虫はいう。個体の維持よりもさらに重要な、種(しゅ)の存続を任されている母性は、昆虫のひどく劣った知性のなかに先を見通す驚くべき能力をよびさます。母性は実に神聖な炉であって、決して誤りを犯さない理性にも似た、あの、信じがたいようなかすかな精神の光が、そのなかでひそかに燃え出し、や

キオビクロスズメバチとその巣

がて忽然と素晴らしい輝きを見せる。母性が強ければ強いほど、本能もまた高度なものになるのである。この点に関してもっとも注目すべきものはハチの仲間であって、彼らの場合、何もかも母バチが世話を焼くようになっている。これらの、特にすぐれた本能を与えられている者たちはすべて、子孫のために食物と住み家とを準備してやるのである。母バチは自分の眼で、己が子供を実際に見ることは決してないが、それでも、母性の先見の明ゆえに、子供のことはとてもよくわかっていて、そのためにさまざまに技能を発揮する。あるハチは製綿業者となって綿の袋を肢で踏む。またあるハチは籠造りの店を開き、木の葉の切れ端で籠を編む。またこちらのハチは左官となって漆喰の部屋と泥の円天井を建造する。あちらのハチは陶器の工房を建て、粘土を捏ねて優雅な壺や、水甕や、腹の膨らんだ壺を造る。そしてまた別のハチは坑夫の腕を身につけて、土のなかにあたたかく湿った不思議な地下室を掘っている。われわれ人間の手業に似た無数の技術、そして時には人間の知らない技術までもが、住み家を造るために用いられている。次に未来の赤ん坊のための食料であるが、それは蜜の塊や花粉の菓子や、巧妙に麻痺させて貯蔵した獲物なのである。子供の将来のことだけを考えた、こうした仕事のなかに、母性に刺激された、本能の最高の現われが輝いているのだ。

第5巻「はじめに」より抜粋

繊維で巣を造るヨーロッパアシナガバチ

われわれ人間の手業に似た無数の技術、
そして時には人間の知らない技術までもが…

巣の天井にとまるモンスズメバチ

専門化した狩人

ツチスガリの仲間はいずれも、一種類の甲虫だけを選んで狩りをする。この例が示すように、狩りバチはあらゆる昆虫のなかから、昆虫学者がうらやむほど正確に、自分の獲物を識別するという驚くほど高度な能力をもっている。

ツチスガリ

屍（しかばね）だって！　とんでもない。そんなものは新鮮な肉が大好きな、チビの人喰い鬼ともいうべき幼虫にとって、とてもとても常食にはならない。獲物が古くなって、ほんの少しでも腐りかけたら、幼虫はいやがって絶対に食べようとはしないのだ。その日手に入った、腐敗の第一の徴候であるにおいなどまったくしない肉が必要なのである。しかしハチの獲物は、人間が船の乗組員や船客の食卓に、鮮度のいい肉を供するために家畜を船に積んでおくように、生かしたまま幼虫の小部屋に貯蔵するわけにはいかない。傷つきやすい卵を、生きて動きまわる食物の真ん中に置いたら、実際どういうことになるだろうか。トゲのついた長い肢を何週間も動かしつづける、頑丈な甲虫のあいだに置いておいたら、ちょっと

したことでも傷ついてしまう蛆虫形（うじむしがた）の弱々しい幼虫は、どんなことになってしまうだろうか。だからここでは、死んだように動かないことと、生きているように内臓が新鮮であることとが必要なのである。この矛盾には解決の糸口がなさそうに見える。［…］獲物の虫を麻痺させなければならない。虫の運動能力を奪わなければならないが、命は奪ってはならないのだ。［…］

ツチスガリには方法はただ一つしかない。［…］ハチの獲物は堅い鎧（よろい）に身を固めた甲虫なのだ。その手術用メスは針一本であり、武器としては細くて、きわめてデリケートなものである。こんなものでは、甲虫の角質の鎧はとても貫くことはできない。ただ、ほんの何か所か、こんなか弱い武器でも刺せるポイントがある。それは関節である。ここは柔らかい節間膜だけで覆われている。

［…］ハチにとっては、［…］できることなら、ただ一撃で相手の運動能力をぴたりとなくしてしまわなければならない。したがって、獲物の神経中枢、つまりさまざまな運動器官に配分される神経繊維が出ていく、運動能力のまさに中心に針を刺しこむことが、どうしても必要なのである。［…］

捕えたばかりのゾウムシを抱えるツチスガリ

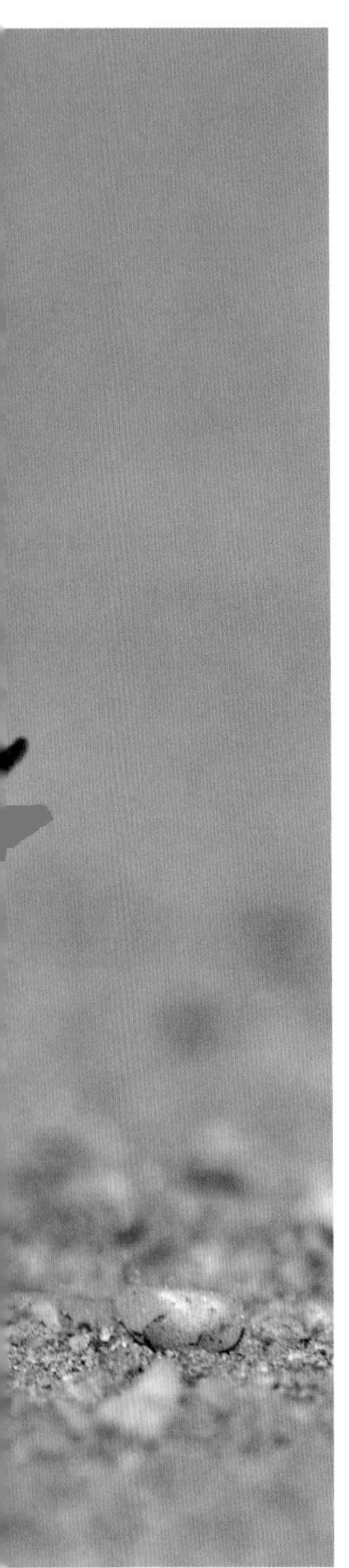

ツチスガリの獲物になりそうな厖大な数の甲虫のうちで、たった二つのグループ、つまりゾウムシとタマムシだけが、どうしても必要な条件を満たしているのである。[…] 鞘翅目を狩ることがわかっている八種のツチスガリは、ほかの獲物は断固として拒否して、まさにタマムシとゾウムシだけを狩るのである。[…] ツチスガリの選択は、最も深い生理学と、最も精密な解剖学だけが教え得ることと一致している。これを偶然の一致といいくるめようとしても、無理というものである。単なる偶然などで、これほどの調和を説明することはできない。

第1巻5章より抜粋

「新鮮な肉が大好きな、
チビの人喰い鬼」
―― ジャン＝アンリ・ファーブル

ゾウムシを運ぶツチスガリ

巣穴から顔を出すツチスガリ

ツチスガリには方法はただ一つしかない。
ハチの獲物は堅い鎧に身を固めた甲虫なのだ。

まがうことなき精確さ

キバネアナバチはコオロギの成虫を狩る大型の狩りバチで、獲物の中枢神経を三度刺して麻痺させる。ただし、アナバチにこの技を学んだ経験などはあるはずがないのだ。しかも、完璧に事を成し遂げなければコオロギは麻痺せず、アナバチの幼虫は成長することができない。このような行動の特徴は、種が発生した当初から完成されていたに違いない、進化の産物だとは考えられない、とファーブルは主張した。この考えにもとづき、かの有名なフレーズをダーウィンに突きつけた。「尊大な人間の科学よ、もっと謙虚になるがいい！」

短剣の三刺し

ツチスガリが襲う相手、つまりタマムシやゾウムシは受身で、逃げることもできず、攻撃のための武器はほとんど身につけていない。身を護る術といえば固い鎧(よろい)しかなく、しかも殺害者の方ではその鎧の弱点を知っているのである。しかしキバネアナバチの場合は、それとはなんという違いであろうか。獲物のコオロギは恐るべき大腮で武装していて、攻撃者も、もしその牙にかかれば腹をえぐられてしまう。コオロギの力強い二本の後肢は、

これこそ、鋭い二列の棘を植えた棍棒のようなもので、跳びはねて敵から逃げるのにも、またもの凄い一撃を加えて敵を蹴り倒すのにも役立つのである。だからアナバチが、毒針を使うまえにどんなに注意するかをよく見ていただきたい。獲物は仰向けに転がされているので、後肢で跳ねて逃げようにも、地面を蹴ることができない。もしコブツチスガリが襲うあの大きなゾウムシの場合のように、普通の姿勢のままで攻撃されるのであったら、コオロギは当然この後肢を使うところである。アナバチの前肢で押さえつけられている棘だらけのこの肢は、もちろん攻撃用の武器としても使うことはできない。大腮はハチの後肢で押しのけられていて、牙をむいて威嚇しているけれど、どこにも噛みつけないでいる。しかしアナバチにとって、獲物のコオロギを攻撃不能の状態に置くだけでは充分ではない。毒液を注射すべきポイントから針がそれないように、獲物がほんの少しも身動きできないよう、しっかり締めあげていなければならないのである。コオロギの尾毛の一本をくわえているのは、おそらく腹部が動かないようにするためなのであろう。まったく、豊かな想像力の持ち主が、それを思う存分働かせて攻撃の技を練ったとしても、これ以上うまい手は見つからないであろう。古代ギリシアやローマのレスリングの選手たちでも、相手と組み合ったとき、これ以上の技を使って、計算しつくされた身のこなしを見せたかどうかは疑わしいのである。

　いま述べたように、針は一度きりではなく、三度、獲物に刺される。一度は首の下に、それから前胸の後部に、最後には腹部の付け根のあたりに、である。こうして三回刺すということのうちに、本能という、神に授けられた知恵の確かさがまことに見事に現われている。まず最初に、前に見た、ツチスガリに関する研究から得た結果のうちの、主なものを思いだしておこう。ツチスガリの幼虫が食料にする獲物は、場合によっては完全に動かなくなってはいるけれど、本物の屍なのではない。この獲物の場合、全身が、あるいは体の部分が、単に運動麻痺を起こしているだけなのである。動物的生命は程度の差こそあれ、ほぼ完全に停止させられているのであるが、植物的生命といおうか、生理的な活動力は、なお長いあいだ維持されており、かなり後になってから幼虫がむさぼり食う獲物を、腐敗から守っているの

麻痺させたバッタを運ぶアナバチ

である。こういう麻痺を引き起こすために、狩りバチは、まさしく、現代の進歩した科学が実験生理学者に教えるであろう方法を使っている。つまり、運動器官を司(つかさど)っている神経中枢を、毒を塗った短剣で傷つけるのである。また、節足動物の神経のいくつかの中枢、あるいは神経節は、その働きがある程度まで互いに独立している。したがってそのうちの一つが傷つけられても、少なくともすぐには、その神経中枢に対応する体節の麻痺しか引き起こさない。このことは、神経節が互いに遠く離れていればいるほど、はっきりしている。逆に、神経中枢がくっつきあって一つになっている場合、それらの中心の部分を傷つけると、その神経網が分布している体節すべての麻痺を引き起こすことになる。タマムシやゾウムシの場合がそれで、ツチスガリはその胸部にある神経中枢の共通の塊(かたまり)に針を刺して、ただの一撃で麻痺を引き起こすのである。ではコオロギを解剖してみよう。その三対(つい)の肢を動かしているのはどんなものであろうか。そこに見出されるものは、キバネアナバチが解剖学者より先に知っていたもの、つまり、互いにひどく離れている三つの神経中枢なのである。ここから短剣の三刺しという感嘆すべき理論が出てくるのである。尊大な人間の科学よ、もっと謙虚になるがいい！

第1巻7章より抜粋

自然界の掃除屋

VIDANGEURS
ET FOSSOYEURS

スカラベ・サクレ ― スカラベの「梨玉」と蛹 ― 大草原(パンパ)の糞虫
屍体処理の専門家モンシデムシ ― モンシデムシと棒倒しの実験

Scarabaeus sacer

Scarabaeus sacer

スカラベとシデムシに代表される甲虫の二つのグループは、環境にとって非常に重要な働きを担っている。彼らは自然界の掃除屋なのだ。最初のグループは糞尿を、二つ目のグループは屍体をきれいさっぱり片付ける。こうした活動を通じて、彼らは自然界の経済システムの中で二重の役割を果たしているのだ。第一に、ハエの協力を得て地面を掃除し清潔に保つことにより、病原菌の繁殖を防いでいる。第二に、アリや、ときにはシロアリ、特にミミズの助けを借りながら、大量の有機物を地中に取り込むことにより、植物がそれを根から吸収し、生きるための糧として再利用するのに役立っている。

こうした甲虫たちは、環境に優しいこのような役割を担っているだけでなく、最高の条件のもとで確実に子孫を残し、ひいては種を保存するために、非常に複雑な行動をとる。中でも、ファーブルが40年以上の長きにわたり、繰り返し研究の対象としたのが、古代エジプト人に神の化身と崇(あが)められたスカラベである。

神格化された昆虫

糞球をこしらえて転がすスカラベ・サクレ。この驚くべき習性は、この虫が生育するいろいろな場所で人々の目に止まったが、特に古代エジプトでは、スカラベは太陽神の象徴と考えられていた。

スカラベ・サクレ

汚い仕事をしてはいるけれど、糞虫たちは実に名誉ある地位を占めている。体格は概して大きく、着ている衣装は地味だが、非の打ちどころのないほどつやつやと磨（みが）きたてられ、体つきは丸っこく太っており、ずんぐりと厚みがあって、額（ひたい）や前胸（ぜんきょう）には奇抜な角（つの）のような飾りがあるために、蒐集家（しゅうしゅうか）の標本箱の中では特別に立派に見える。特に、大抵の種が黒檀（こくたん）のように黒いフランス産のもののなかに、金や、磨き上げた赤銅色（しゃくどういろ）にきらきら輝く熱帯産の種が混じった場合は、ますます見映えがする。[…]

糞の細工をする虫たちの筆頭に来るのは、ヒジリタマオシコガネまたはスカラベ・サクレである。その奇妙な習性は、すでに紀元前数千年の昔、エジプトのナイル河の畔（ほとり）で農民たちの注意をひいていた。春が来て玉葱（たまねぎ）の畑に水をやるとき、彼らは黒い大きな昆虫が、ラクダの糞の球（たま）を後（あと）じさりにせかせかと転がしながら、すぐそばを通り過ぎるのを時折見かけるのであった。彼らは、いまのプロヴァンスの農民と同じく、虫が機械じかけのように球をころころ転がしていくのをびっくりして眺（なが）めたのである。[…]

スカラベ・サクレが昼間働いているところや、また地下でただ独り戦利品を食べている[…]ところについて、もう一度述べる必要はないであろう。[…]ただひとつだけ注意しておかなければならないことがある。それは、この虫が自分で食べるために採集して、ちょ

うどいい場所に掘って造る食堂まで転がしていく、その、単に食料とするだけの丸い球(たま)の造り方である。[…]

この球を中肢(ちゅうし)と後肢(こうし)、特に、長い後肢でしっかりと抱いて、一時(いっとき)も離すことなく、スカラベは製作中の球の上を、あっちを向いたりこっちを向いたりしながら、糞の山のほうぼうから、球をもっと大きくするための材料を選び取る。頭部の熊手は、糞を掘り起こしたり、抉り取ったり、深く掘ったり、掻(か)きならしたりする。前肢もいっしょになって働き、ひと抱えずつ集めていく。そしてす

糞球を転がす二頭のスカラベ

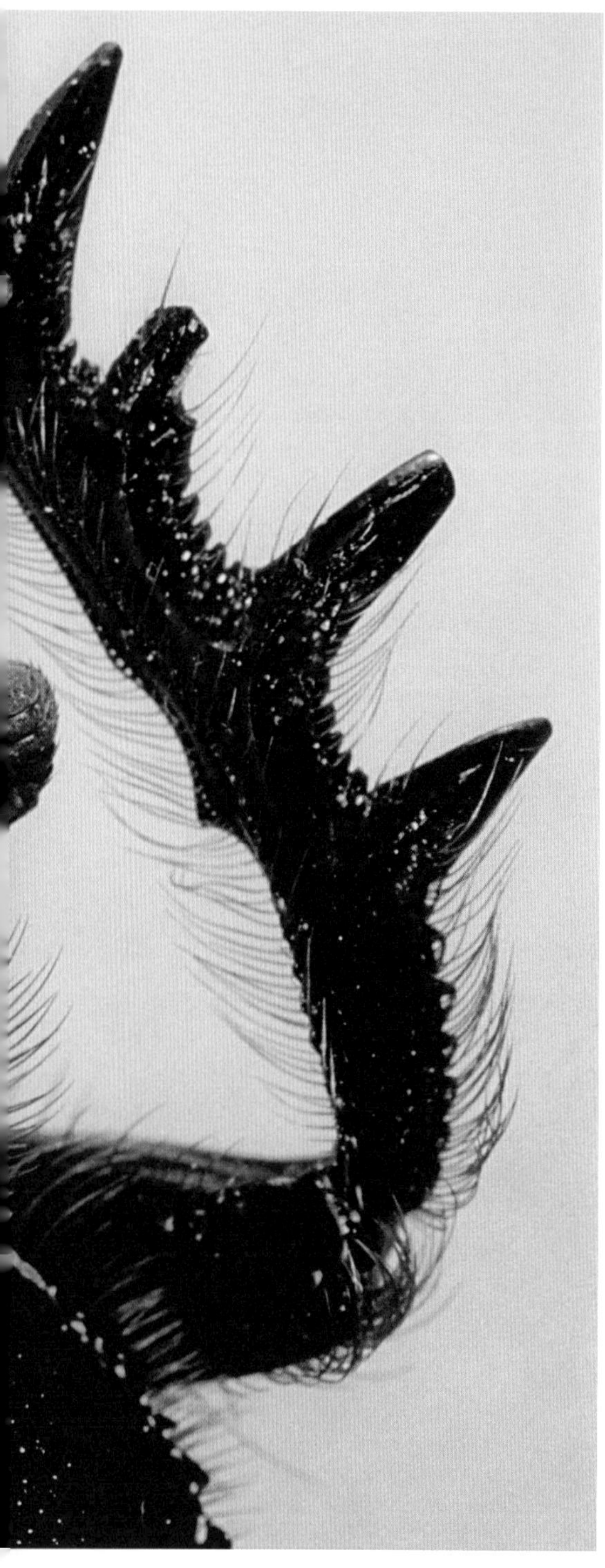

ぐ肢(あし)でぱたぱた叩いて球の本体に押しつける。歯のついたスコップで何度も強く押して、新しい糞の層をちょうどいい具合に固める。こんなふうにして、ひと抱えずつ、上に下に、横に、とくっつけられて、もとの小さな球は大きな球に育っていくのである。

第5巻「はじめに」と1章より抜粋

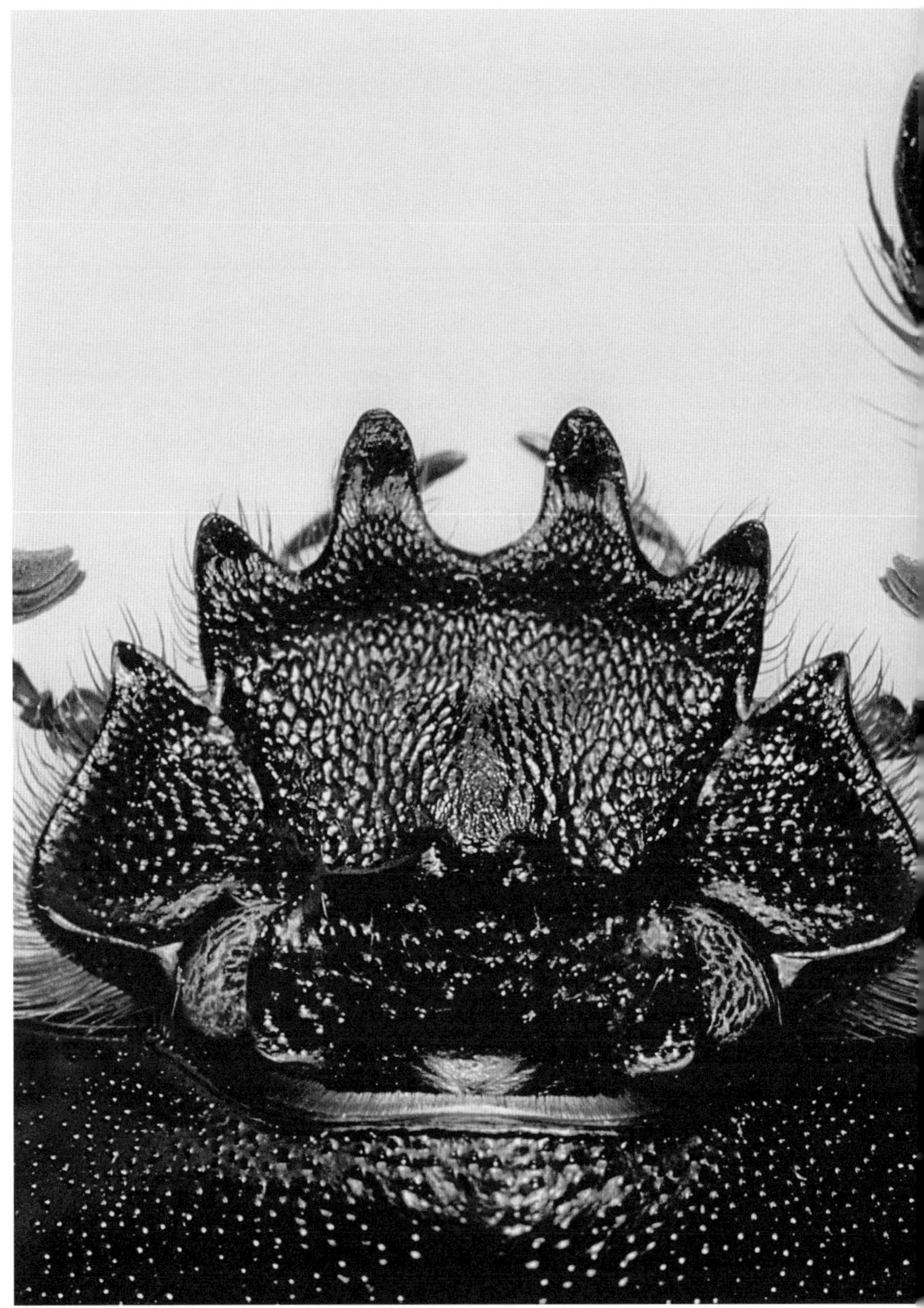

スカラベ・サクレの頭部と前肢

頭部の熊手は、糞を掘り起こしたり、
抉り取ったり、深く掘ったり、
掻きならしたりする。

粗削りの糞球を転がすスカラベ

スカラベの秘密

雌は地下の巣穴に糞球を運び込むと、念入りに洋梨の形に整えてから、そこに卵を産みつける。スカラベは「梨玉」という小さな秘密をもっていたのだ。スカラベのことなら何でも知っている若い羊飼いの協力のおかげで、ファーブルはその秘密を解き明かすことができた。

スカラベの梨球と蛹

スカラベの巣穴はたちまち見つかった。巣の上が新しいモグラ塚のように盛り上がっているから、すぐにわかるのである。私の仲間は頑丈な手で掘っていく。[…]——あった。穴が口をあけ、ぽっかり開いた地下室の生あたたかい、湿った空気に包まれて、世にも美しい梨球が穴の底に横たわっていたのである。

スカラベの母親の造った物を初めて目(ま)のあたりにしたときのことは、きっといつまでも深く私の心の中に残ることであろう。

私がもし、エジプトの貴(とうと)い遺跡を発掘する考古学者であって、王(ファラオ)の地下の墳墓から、エメラルドに刻まれた、死者のための神聖な甲虫(こうちゅう)を掘り出したのだとしても、これほどの感動は受けなかったであろう。

ああ！　突如輝きわたる真理の聖なる喜びよ。これに比べることのできるような喜びがほかにあるだろうか！　羊飼いの青年はひどく喜んでいた。私の微笑を見て彼も笑ってくれた。私が幸せそうだったので彼もうれしかったのである。［…］

これですでにもう二回、私はこの奇抜な洋梨の形をしたものをこの目で見たのである。これが、例外ではなく普通の形なのであろうか。［…］続けて探そう。そうすればはっきりするだろう。

第二の巣穴が見つかった。先のと同じように、この中にも洋梨形の球が入っている。

これら二つの発掘品は二つの水滴のようによく似ている。まるで同じひとつの鋳型（いがた）で造られたかのようだ。ひとつ重要なことがあった。第二の巣穴の中では、スカラベの母親が球のかたわらにいて、それをいとおしそうに抱いていたのである。おそらくは、二度と戻ることのない地下室を立ち去るまえに、球に最後の仕上げをしているところだったのであろう。［…］

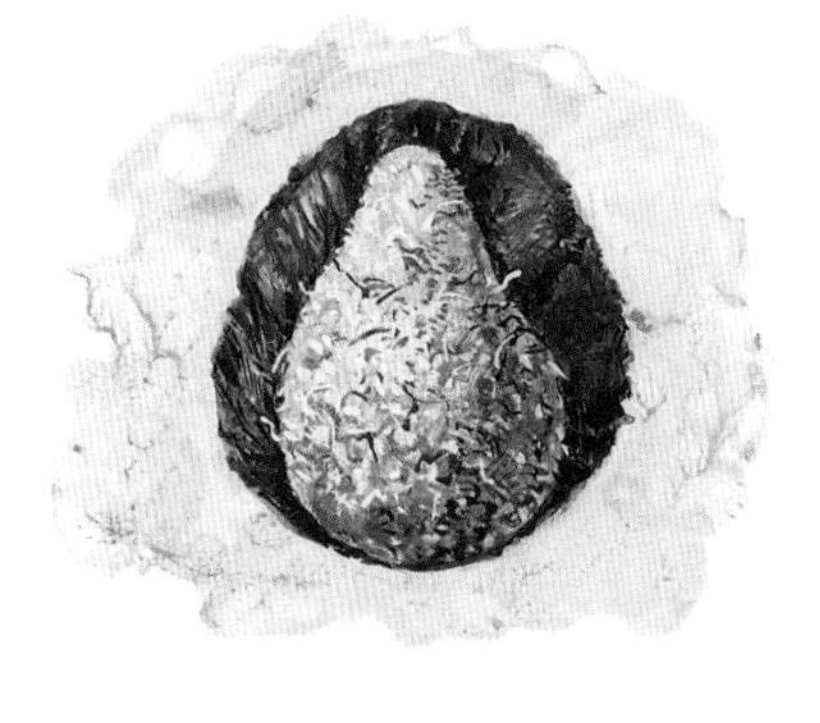

卵が孵化する。生まれてきた幼虫は肥り、脂ぎってくる。汚い原料が、つやつやと健康的で、象牙のように白く、スレートのような青みを帯びた、一点の汚れもないでっぷりした幼虫に姿を変えるのだ。[…]

幼虫は脱皮して蛹になる。昆虫の世界において、簡素な美しさの点で、皮を脱いだばかりのこの軟らかな蛹に匹敵するものはほとんどあるまい。鞘翅が太い襞のある肩掛けのような形で前方に回り込んでいて、スカラベの成虫が死んだまねをするときのように胸の前に前肢を折り曲げているところは、亜麻布を巻かれたエジプトのミイラが、きちんと柩に納められているようすを連想させる。

蛹は半ば透明であって、蜂蜜のような黄色をしているので、琥珀を刻んで造ったように見える。

第5巻2章、4章、5章より抜粋

「つやつやと健康的で、
象牙のように白く、
スレートのような青みを帯びた、
一点の汚れもないでっぷりした
幼虫に姿を変えるのだ」
── ジャン＝アンリ・ファーブル

スカラベの幼虫

南米の糞虫の創意工夫

第5巻の糞虫の章を読んだアルゼンチンに住む昆虫学者が、その国に生息するさまざまな糞虫の巣から採取されたものをファーブルに送ってくれた。それらの糞虫は、フランスのダイコクコガネ属のものとよく似ていたが、中にはいっそう素晴らしい工夫を凝らす虫もいた。

大草原(パンパ)の糞虫

テナガダイコクモドキは美しい虫で、金属光沢のある装いをし、〔…〕緑色や赤銅色に輝いて見える。〔…〕この種によって、糞虫(ふんちゅう)の職業組合の思いがけない面が見えてくる。つまり、我々はすでに、軟らかいパンを捏(こ)ねる職人は知っているけれど、いまここにいる種は、丸パンをいつまでも軟らかい状態で保存するために、焼き物を発明し、陶器職人となって粘土を捏ね、幼虫の食料を包み込むのである。家庭の主婦よりも先に、いや、我々人間のなかの誰よりもまえから、この虫は夏の暑い時期に、腹の膨れた壷に食料を入れて乾燥を防ぐことを知っていたのである。

テナガダイコクモドキの造る球は卵形をしていて、形からいうとダイコクコガネのそれとほとんど変わらない。しかし、新大陸の糞虫の工夫の見事さは、次のようなときに輝き出る。すなわち牛や羊の糞で造られた普通の球の上に、均質な粘土の層がまんべんなく貼りつけられ、水分の蒸発を防ぐしっかりした陶器のようになっているのだ。

粘土の壺にはみっちりと中身が詰まり、土の覆い(おお)と糞球とのあいだには少しの隙間もない。このことから虫の仕事のやり方がわかってくる。外側の壺は、鋳型(いがた)のように中の食料の上に被(かぶ)せるようにして造られるのである。

卵形の食料が普通のパン職人のやり方で造り上げられ、卵が孵化室に産みつけられると、テナガダイコクモドキは手近にある粘土をひと抱えずつ取って食料に貼りつけ、ぐいぐい押しつけるのである。

虫の、倦(あ)きるということを知らぬ忍耐力で表面がほどよく滑(なめ)らかにされ、この仕事が終わったとき、小さな壺は材料のかけらをつぎつぎとあてがって造られたものなのに、まるで轆轤(ろくろ)で造ったようにきれいになって、人間の造る壺に負けないほどのものになる。

卵球の乳首の先のところには、定石(じょうせき)どおり孵化室が造られており、卵が産みつけられている。空気が通うのを防げているこの粘土の覆いの下で、卵や幼虫の呼吸はどうなっているのであろうか。

心配することはない。陶器造りはそんなことは充分心得ている。虫は巣穴の壁を塗るねっとりした粘土で、上の部分を塞(ふさ)いでしまうなどということはしない。乳首の先まであと少しというところで粘土の使用は中止され、それに代わって繊維質のかけらや、消化さ

れなかった秣(まぐさ)の屑(くず)が交互にうまく並び、重なり合って、卵の上に藁屋根(わらやね)のように被さっている。こういう粗(あら)い仕切りのために空気の出入りが保たれているのである。

第6巻5章より抜粋

糞球を転がすアフリカの糞虫

葬儀屋

モンシデムシ（学名の*Nicrophorus*（ニクロフォルス）はラテン語で「死体を運ぶ者（ニクロフォルス）」という意味）は甲虫の一種で、生まれてくる幼虫の餌とするために、ネズミやモグラなど小動物の死骸を埋葬する習性を持つ。

屍体処理の専門家 モンシデムシ

春先、死んだモグラの下にはどんな光景が展開していることか！ このぞっとするような死体分解の実験場も、ものを見、考える術（すべ）を知っている者にとっては素晴らしいところなのだ。

胸がむかむかするような思いを抑えて、靴の先で嫌な死骸を引っくり返してみよう。その下にはなんとたくさんの虫たちが、うようようごめいていることか、あたふたと忙しそうな労働者たちが、なんとまあ大騒ぎしていることか！

幅の広い、黒っぽい色の喪服を着たヒラタシデムシは胆（きも）をつぶして必死で逃げ、地面の割れ目に潜り込む。陽の光がぴかりと反

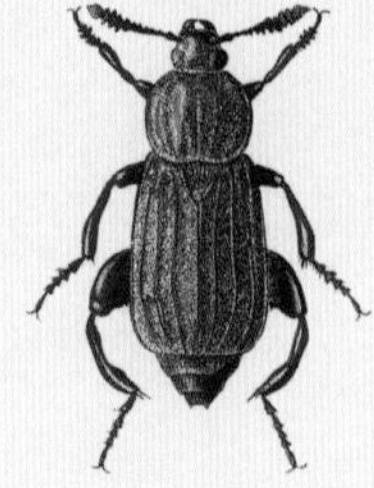

オオモモブトシデムシ

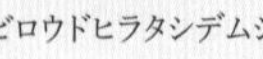

ビロウドヒラタシデムシ

トカゲの屍体に群がるヒラタシデムシとその幼虫

射するほどきれいに磨いた黒檀のようなドウガネエンマムシは、大あわてでちょこちょこ走り、仕事場から逃れる。

黒い斑点のある黄褐色のマントを着たカツオブシムシは、飛び立とうとして、すてんと転んでしまい、背中の地味な色彩とはなんとも対照的な、染みひとつない真っ白な腹を見せる。肉の汁に酔っぱらっているのだ。[…]

地面の掃除屋のなかでももっとも力強く、もっとも名高い虫[…]それがモンシデムシである。この虫は、屍に集まるほかのありふれた連中とは、体の大きさでも、衣装でも、習性でも非常に異なっている。その大切な務めのせいで、この虫は麝香（じゃこう）の強い匂いを発散させている。触角（しょっかく）の先には赤い玉のような房飾りをつけ、胸には南京木綿（なんきんもめん）のような薄い黄色のフランネルのチョッキを着込み、翅鞘（ししょう）には鮮やかな赤い波形の帯を二本飾りつけている。

　モンシデムシの衣装は優雅なもので、豪華といっていいほどだ。ほかの虫たちがいかにも葬儀屋風の、暗い色の服を着ているのと比べると、ずっと上等である。

　この虫は、大腮（おおあご）をメスのように使って死体を切り開いたり、肉を切り取ったりする解剖実習の助手などではない。これこそまさしく墓穴を

ヒラタシデムシ

掘って死体を埋める虫である。

ほかの虫、たとえばヒラタシデムシやカツオブシムシやエンマムシなどが、自分の子供のことを忘れているわけでは、むろん、ないけれど、自分自身も切り取った肉を腹いっぱい食うのに対し、モンシデムシはものをほとんど食べない。見つけた食物に自分ではほとんど口をつけないのだ。モンシデムシは死体を丸のまま、その場で土の中の穴倉に埋め、それがちょうどよい状態に熟して幼虫の食物になるようにする。モンシデムシは死骸を埋葬し、それで幼虫を育てるのである。

屍を貯蔵するこの虫は、いつもは体の動きがぎくしゃくして、いかにものろくさいのだが、死体を地中に収めるとなると、びっくりするぐらい仕事が早い。たとえばモグラのようにかなり大きいものでも、数時間のうちに、すっかり土の中に埋められて姿を消してしまう。

他の虫たちなら、中身が何もなくなってからからに干からびた死骸を地上に残し、それが風に吹かれていつまでもひらひら動いていたりするものだけれど、モンシデムシの場合はそのまま丸ごと埋めるので、その場所がいっぺんにきれいになる。目に見える仕事の跡としては、モグラ塚のように土がかすかに盛り上がって、土饅頭(どまんじゅう)になっているだけである。

第6巻7章より抜粋

キジの屍体を訪れたモンシデムシ

その大切な務めのせいで、
この虫は麝香の強い匂いを発散させている。

モンシデムシの偉業

18世紀、モンシデムシを観察し、この虫に理性のかすかな芽生えが見られると報告する学者たちが相次いだ。ドイツのグレディチュ（1714〜1786年）もその一人である。それに対しファーブルは、どれほど複雑であっても、モンシデムシの行動はすべて本能によって説明できることを証明し、昔の学者たちを嘲笑した。

モンシデムシと棒倒しの実験

ではいよいよ、グレディチュが褒めている、例のヒキガエルを吊す棒を立ててみるときである。［…］ヤシの繊維の紐で私はモグラの後肢を一本の棒に縛りつけ、その棒を土の中に浅く垂直に突き立てた。モグラは棒に沿ってまっすぐぶら下がり、頭と両肩の部分はしっかり地面についている。

穴掘りの虫たちは、モグラが地面と接触している、棒の根元のところを掘りはじめる。彼らは擂鉢のような形に穴を掘り、モグラの鼻面がその中に少しずつ入っていく。次いで頭部が、首が、と潜っていく。棒はその分だけ根元を掘り崩され、しまいには重い荷物に引っぱられて倒れてしまう。私は「虫の棒倒し」を見た。これは、虫がやるなどとはいまだかつて誰も思わなかった、驚くべき理性的な偉業である。

本能の問題について議論を闘わせている人々にとって、これは感動的である。しかし我々としては結論を出すのはあとにしよう。急ぎすぎてはいけない。まず最初に、棒杭が倒れたのは、意図してやったことなのか、偶然そうなったのか調べてみよう。モンシデムシたちは、はっきり棒を倒すつもりでその根元を掘ったのであろうか。それとも反対に、モグラが地面に接触している部分を地中に埋めようとして掘っていただけなのか。〔…〕死体を吊す位置をたった一プース離すだけで、あの有名な逸話は台無しになってしまう。こんなふうに、少し論理的に考えて、ごく初歩的な実験の篩にかけただけでも、ごたごた積み上げられた山の中から明白な事実を選り分け、真理のよき麦粒を取り出すことができるのである。〔…〕

私は手を替え品を替えしてこういう実験を試みたが、それで決定的になったことは、吊り下げられた死体がどこか一点で地面に接触していないかぎり、モンシデムシが支柱の根元を掘ることはない、土の表面を引っ掻いてみることさえ、決して、決してないということである。そして地面に触れている場合でも、棒が倒れるこ

ムナゲモンシデムシ

とがあったとすれば、それは虫たちが倒そうとして倒したのではなく、穴を掘り始めたから偶然そうなったにすぎないのだ。〔…〕これもまた、虫に理性があると主張するためのものであったけれど、実験の光が当たると、こそこそと逃れて、誤りのぬかるみの中に身を隠すのである。学者のみなさん方、私はあなた方の信じやすさに感心しているのです。行き当たりばったりで、真実よりも空想に傾きがちな観察者の言うことを真に受け、こんな愚かな話を無批判に取り入れて、その基礎の上に自らの理論を構築されるあなた方のお目出たさ加減に恐れ入るのです。

第6巻8章より抜粋

＊1プース＝約2・7センチメートル

モグラを吊す実験

ウェルギリウスと
ラ・フォンテーヌ

VIRGILE ET
LA FONTAINE

セミとアリの寓話 —— セミの幼虫と巣穴 —— アオヤブキリとイタリアカンタン

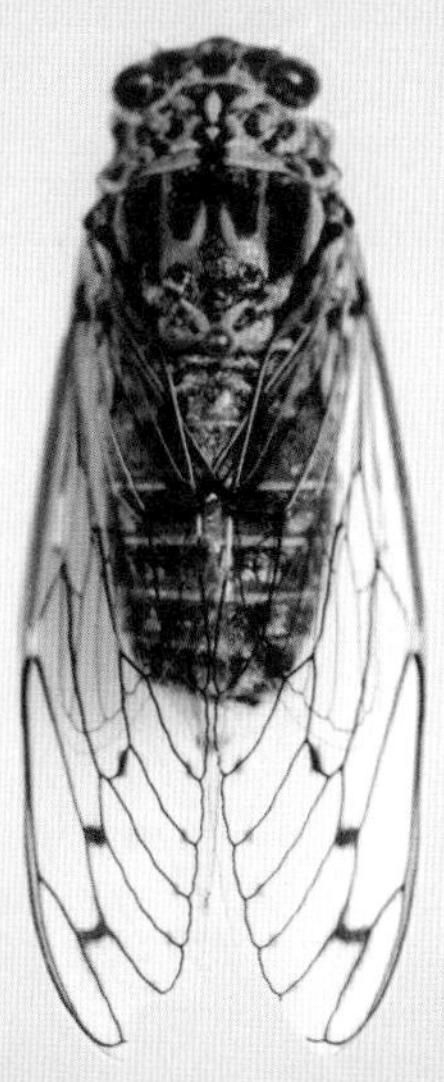

Cicada sp.

Cicada sp.

昆虫の研究の他に、ファーブルがこよなく愛したのがウェルギリウスとラ・フォンテーヌである。ラテン語の詩人ウェルギリウスについては、中等学校(コレージュ)のときに「ミツバチやセミやキジバトやカラスや山羊やエニシダについての、世にも美しい描写」を堪能し、「響きのいい詩句で語られるこんな野原の生き物に接することは、本当に楽しいことだった」と語っている（第6巻4章）。それ以前、字を読むことがほとんどできなかったころ、ファーブルはかの有名な『寓話』に出会う。「この進歩の御褒美(ごほうび)に、ラ・フォンテーヌの『寓話(ぐうわ)』をもらったのだ。値段は二〇スーと安かったけれど、挿絵がいっぱい入っており、小型で、間違いはたくさんあったが、素晴らしく魅力的だった。[…]そうだ、がんばれ！　子供たちよ、いまは何を言っているのかわからなくても綴り字を集めてみるんだ。あとになったら、綴り字がものを言いはじめるだろう。そしてラ・フォンテーヌは永遠に君たちの友達になることだろう」（第6巻4章）しかし、ラ・フォンテーヌはセミを見たことがなかったに違いない。なぜならば、セミとアリの関係について間違ったことを書いているのだ。セミと呼んでいるのはどうやらキリギリスのことだと思われる。キリギリスもセミと同じく鳴く虫だが、セミほどは目立たない。ファーブルがキリギリスより好んだのは、夜にだけ、星明りの下で鳴くイタリアカンタンだった。

寓話作者の誤り

有名なラ・フォンテーヌの『寓話』は、フランスの小学生が必ず習うものだ。しかし、わりと難解な作品である上、作者があることについてまったく知らなかったことがわかる。それは「食料をセミに頼っているのはむしろアリのほうで、それどころかセミを貪り食うことさえある」という点だ。

セミとアリの寓話

ラ・フォンテーヌの寓話はいずれも、観察がすばらしく細かくて、読者は夢中になってしまうのだけれど、この詩の場合は、なんとも困った思い違いをしているのである。彼は寓話の主人公たち、つまり狐や狼や猫や山羊(やぎ)や烏(からす)や鼠(ねずみ)や鼬(いたち)その他、多くの動物たちのことを非常によく知っていて、その行動や身のこなしを、細かいところまで見事に活写している。この連中は彼の同郷人であり、近くに住み、また一緒に暮らしている仲間たちである。その生活の裏も表もよく見ている。

しかしセミとなると、アナウサギのジャンの奴が大きな顔をして跳(は)ねまわっている北の国には住んでいない。ラ・フォンテーヌはセミの声を聞いたこともなければ姿を見たこともなかったのだ。彼にとって蟬(シガール)という有名な歌姫の虫とは、すなわちキリギリスのことであったにちがいない。[…]

セミとアリとのあいだに、時として交渉があることは、もちろんこのうえもなく確かなことである。ただし、その交渉なるものは、寓話のなかで語られていることとは、まさに正反対なのだ。この関係はセミのほうから結んだものではない。セミは生きるために他人の助けなんか決して求めない。これは、アリのほう、食べられるものなら何でも倉の中に取り込む、強欲な物盗り（ものとり）のほうから持ちかけた関係なのである。

どんなときでも、セミがアリの家の戸口にやってきて飢えをうったえ、利子も元金も耳をそろえて返します、などと一所懸命約束したりすることはない。

その反対に、食べ物に困って、歌手に哀願するのは、アリのほうなのだ。哀願する？　とんでもない！　この強盗の習慣には、借りたり返したりなどということはないのだ。

アリはセミを搾取（さくしゅ）し、あつかましくも身ぐるみ剥（は）ぐのだ。［…］

御覧のとおり、これでよくわかると思う。寓話のなかで想像されている、それぞれの役割というものが、実際には、まるであべこべなのである。繊細な心も何もないしつこい物乞い、いざとなれば強奪さえも辞さぬのはアリのほうである。そし

オオナミゼミ

て、腕のいい井戸掘り職人として働き、苦しむ者に進んで分かち与えるのはセミのほうなのだ。もっとくわしく調べてみると、この役割の転倒はさらにはっきりする。五、六週間ものあいだ、歓喜に満ちた生活を送ったあとで、歌手のセミが寿命が尽きて木から落ちると、その死体を太陽が干からびさせ、通行人が踏みつぶす。つねに獲物を探しまわっている強欲なアリが、それを見つけて、この素晴らしい獲物を解体し、細かく切り分け、わずかなかけらになるまで小さくして、貯蔵食料の山を豊かにする。

第5巻13章より抜粋

プロヴァンスのセミ

地下の生活

セミの幼虫は、成虫と同じように樹液を吸う。幼虫は数年にわたり地下で生活するが、巣穴の壁が崩れ落ちないように、ふんだんに手に入る水分を利用して壁を「漆喰」で塗り固める。

セミの幼虫と巣穴

セミの幼虫の坑道は四〇センチばかりの深さがある。それは円筒形で、土の中に障害物があるとそれを避けて少し曲がっていることもあるけれど、つねに最短距離をとる。つまりほとんど垂直なのである。坑道の中にはまったく何もない。こんなふうに穴を掘るわけであるから、中に残土か何かありそうなものだけれど、そういうものは、いくら探しても見つからない。坑道には底があって、そこで行き止まりになっており、いくぶん広い小部屋がある。部屋の壁には凹凸(おうとつ)はなく、この井戸から先に続く、どこか別の坑道につながるような通路の形跡はまったくない。[…]

この井戸は、光の下に早く出たくてたまらず、急いでその場しのぎに造り上げたものではなく、まさに屋敷というか、幼虫が長いあいだそこで過ごす住居なのである。上塗りをほどこされた壁を見ると、そう考えられる。穴を掘ったらすぐにそこから出ていくというような、単なる脱出口なら、こんな用心は要らないはずだ。間違いなく、そこは外の天気を知るための、一種の測候所なのである。［…］

何週間、いや、何か月もかかって、辛抱づよくセミの幼虫は垂直の井戸を掘り、中を片づけ、壁を固める。ただし、外部から遮断するために、天井の部分に指の幅一本分ぐらいの土の層を残しておく。穴の底には、他の部分よりは手をかけた小部屋をこしらえている。そこが幼虫の待機する避難場所であり、もし脱出の時期を延ばしたほうがよい、ということを感知すると、幼虫はそこで休んで待つ。天気が少しでもよさそうな感じがすると、幼虫は上によじ登っていき、井戸の蓋（ふた）になっている薄い土の層をとおして外気の具合を調べ、温度と湿度を知るのである。［…］

まるで灰のように乾燥している土の中で、壁を塗るセメントをどうやって手に入れるのであろうか。［…］

幼虫は坑道を掘り進むにつれて、ぱさぱさに乾いた土に小便をかけ、それを練り土に変える。そしてすぐに腹でぐいぐい壁に押しつけるのである。すると最初ぼろぼろしていた土が、ねっ

羽化したばかりのセミの成虫

とりしてくる。こうして得られた泥土がざらざらした壁の隙間(すきま)に入り込む。一番とろとろに溶けた部分が奥まで染み込み、あとは押しつけられ、圧縮されて窪(くぼ)みを塞ぐのである。

こんなふうにして空っぽの坑道ができる。中に残土も何もないのは、ぼろぼろした土が、幼虫が掘り進んでいる場所の土質よりも、より密度が高く、より均質な漆喰(しっくい)に変えられて、その場で工事に使われるからだ。[…]たしかにセミは将来、細長い井戸となる、その手始めの小部屋を掘るとき、新鮮な、小さい木の根のすぐ隣りを選ぶのだ。そして根の一部が壁から露出したようにするのだが、それは壁からぐっと突き出しているわけではない。

私の考えでは、壁のこの生きている部分、これこそが、必要に応じて幼虫の小便袋の水分を補給する泉なのである。

第5巻14章より抜粋

繊細な演奏家

昆虫の名前は正確でないことがある。例えば、ヨーロッパではアルプス山脈より北の地域にはセミが生息していないので、キリギリスのことをよくセミ(シガール)と呼び、さらにバッタ(ロキュスト)とも呼んでいる。

同じように、コオロギの英語名は「クリケット」であるが、フランスの「クリケ」はコオロギとは全く異なる種で、キリギリスの近縁種である。

「ジッジッジッと鳴くセミ」に比べるとコオロギの演奏は格段に素晴らしく、その歌に生命の躍動を感じとったファーブルが「コオロギに比べたら星は生命のない無機物にすぎない」と比較しているくだりには心に響くものがある。

アオヤブキリとイタリアカンタン

耳がよければ、[…]青葉の茂みから、アオヤブキリの鳴き声が聞こえてくる。それはどこか糸車の回る音に似ていて、実にひそやかな、乾いたくしゃくしゃの薄い皮を擦(こす)り合(あ)わせるような、かすかな音である。この聞き取りにくい通奏低音に、間(ま)をおいて、非常に高い、ほとんど金属的な、ガチャガチャいうせわしない音が混じる。これがアオヤブキリの歌と節回し(ストロフ)で、断続的に休止符を挟みながらこれを演奏するのである。低音のほうは伴奏ということになる。

私のすぐ近くに十頭ほどの演奏者がいるのだが、アオヤブキリの歌は、この低音の伴奏があるにもかかわらず、結局のところ実に、実に貧弱なものである。この音には強さというものがない。私の年とった鼓膜では、ときにこんな微妙な音を聞き逃してしまう。かろうじて聞き取れるのは、黄昏時(たそがれどき)の薄明かりの静けさにいかにもふさわしい、何とも優しい声音(こわね)である。アオヤブキリ、我が友よ、おまえの弾く弓の音がもう少し大きければ、北の国でおまえと取り違えられ、おまえの名声を奪ってしまっているあのジッジッジッと鳴くセミより、もっと好ましい名演奏家になっていたであろう。[…]

こんなにうるさい連中（カエルやコノハズクたち）の中に混じっていたのでは、アオヤブキリの鳴き声はあまりにもかすかで、とてもはっきりとは聞き取れない。あたりがすこし静かになったとき、やっと聞こえるか聞こえないかの貧弱な音がするといった程度である。この虫は発音器として、弓で擦って音を出す小さな太鼓をもっているだけだ。ところが、他の特権的な連中、鳥やカエルは、鞴(ふいご)のような肺をもっていて、空気を震わせるのである。とても比べものにならない。

昆虫のほうに戻ってみよう。

鳴く虫たちのなかのあるものは、体こそアオヤブキリなぞよりもっと小さく、道具にも恵まれていないけれど、抒情的な夜の歌を奏(かな)でることにかけては、はるかにすぐれている。それは淡い色をした華奢(きゃしゃ)なイタリアカンタンである。これは、うっかりするとつぶしてしまいそうで、捕まえるのに気をつかうほど弱々しい虫である。イタリアカンタンはローズマリーの上のあちらこちらでも鳴いている。そこにヒカリツチボタルたちが青い灯をともし、虫たちの祭典を華やかにするのである。

この繊細(デリケート)な演奏家の体は、何よりもまず幅の広い翅(はね)でできていて、それはまるで雲母(うんも)の薄片のように薄くてぴかぴか光っている。このかさかさした帆布のような翅があるおかげで、この虫はカエルの悲しい調べをしのぐほどの力強い声で鳴くことができるのである。

[…]

イタリアカンタンの歌はゆっくりした穏やかな「グリ、イ、イ、グリ、イ、イ」という声で、かすかに震えるために、よけいに風情(ふぜい)がある。その声を聞いただけでも、この虫の振動膜(しんどうまく)が非常に薄くて広いものであることが想像される。この虫が低いところの葉っぱに止まっていて、何かに邪魔されたりしなければ、音はずっと変わらない。しかしほんのちょっとでも物音を立てると、虫は腹話術師になる。ほら、そこだ、すぐ傍(そば)で鳴いている――と思うと、突然、ずっと向こう、二十歩ばかりのところで歌の続きが、遠ざかったためにさっきより小さく聞こえる。[…]

この夜に鳴く虫は、私の庭にいくらでもいる。赤い花のハンニチバナの一株一株に合唱隊がおり、ラヴェンダーの花の咲いた中にもいる。ヤマモモドキの茂みの中やテレビントも合奏の会場となっている。そして澄みきった優しい声で、虫の仲間同士が、潅木の茂みから茂みへと声を掛け合い、応え合っている。というよりはむしろ、他人の歌なんかには関係なく、自分ひとりのために歓びを歌っているのである。

私の頭の真上はるか、はくちょう座の大十字架が、銀河の中にかかっている。そして下では、私の体のまわりに、虫の交響楽（シンフォニー）が波が打ち寄せるように聞こえる。歓びを歌うこの小さな小さな虫は、私に星の世界の眺めを忘れさせてしまう。我々を穏やかに、冷静に、人の眼の瞬（またた）きのようにきらめきながら見つめているあの天の目については、我々は何も知らないのだ。

科学は我々に、それらの星の距離や、速度や、質量や、体積のことを語っている。また科学は、星がいかに厖大（ぼうだい）な数にのぼるかを教えて我々を圧倒し、またひとつひとつの星の巨大さを語って我々を驚嘆させる。しかしそれらは我々を毛筋（けすじ）

イナカコオロギ

ほども感動させることはない。それはなぜか。なぜなら、そこには偉大な秘密、すなわち生命の秘密が欠けているからである。空の彼方には何があるのか、これらの恒星は何を温めているのか。我々の世界に似た世界だ、と理性は我々に断言する。つまり、生命が限りもなく多様に進化する大地だ、というのだ。それはたしかに宇宙についての素晴らしい概念である。しかしそれは要するに、純粋な概念というだけのことであって、万人を納得させるような最高の証人、つまり明白な事実にもとづいていない。可能性のあること、きわめて可能性の高いことというのは、反論のしようのないこと、疑いの余地のない明白なこととは違うのである。

その反対に、おまえたちとともにいると、ああコオロギたちよ、私は、土塊（つちくれ）から造られた我々の魂、つまり生命が、打ち震え、躍動するのを感じるのだ。だからこそ私はローズマリーの生け垣に寄り添いながら、はくちょう座にはぼんやりした一瞥（いちべつ）を投げるだけで、おまえたちのセレナードに全神経を集中しているのだ。喜びと苦しみを感じることのできる、少しばかりの生きた蛋白質（たんぱくしつ）は、興味深さという点では、厖大な無機物よりずっと上なのである。

第6巻12章と14章より抜粋

アオヤブキリ

耳がよければ、青葉の茂みから、
アオヤブキリの鳴き声が聞こえてくる。

野生のミツバチ

LES ABEILLES
SAUVAGES

コハナバチ ― 「左官蜜蜂」カベヌリハナバチ ― ツツハナバチ

Osmia sp.

Osmia sp.

ふつう知られている「ミツバチ」というのは、飼育されている種のことだが、それはミツバチの仲間の一種にすぎない。他にも多くの種があり、単独性のものもあれば、程度の差はあれ社会生活を営むものもある。ファーブルが興味を抱いた種はいくつかある。原始的なハチのグループに属するコハナバチは、簡素な社会を築くが、そこには、飼育種のミツバチの社会に見られるような基本的な特徴がすでに表われている。カベヌリハナバチは単独性のミツバチで、泥を使って見事な巣を造ることから「左官蜜蜂」の異名をとる。最後のツツハナバチは単独性のミツバチで、巣を造らずに、さまざまな穴を利用し、他の昆虫が利用しなくなった巣を「リサイクル」することもある。ファーブルは、このミツバチの雌が子の性別を産み分けている可能性を明らかにした。この能力は、飼育種のミツバチにも備わっている。

コハナバチの門番

コハナバチは原始的な種で、ミツバチの社会のモデルであり、蠟ではなく泥でできたモグラ塚のような巣を地中に造る。しかし、飼育種のミツバチのもつ驚くべき社会性の特徴はすべて、コハナバチの社会にもすでに表われている。

コハナバチ

春、巣を造っている母バチは、仕事がすむと、もはや自分の巣穴から外に出ることはない。巣穴の底に閉じ籠もって家庭内のこまごまとした仕事に追われ、あるいは、うつらうつら眠りながら、母バチは自分の娘たちが小部屋から脱出してくるのを待っている。夏の暑い盛りになって集落に活気がまた戻ってきても、このハチはもはや収穫人として外で働くことはなく、玄関番を務めるのである。そして、家の働き手である自分の娘たちしか、その中に入れてやらない。侵入しようとする者たちを追い払うのだ。この門番の許可がないかぎり、誰も中に入ることはできないのである。

ときどき門番のハチがその場を離れるということを示す証拠は何もない。私は、これらのハチが家を離れ、花の蜜を吸いにいくところを見たことがない。歳を取っていることでもあり、役目としてはその場にじっとしているだけだから、あまり疲れることもなく、おそらくもう食物を採りにいく必要もないのであろう。それに、若い母親たちが蜜集めから戻ってきたときに、ときたま自分たちの嗉嚢の中の蜜をひと滴かふた滴、吐き出して飲ませてくれるのであろう。いずれにせよ、食物を摂る摂らないにかかわらず、もはや歳を取った門番たちは外に出ないのである。[…]

午前中、気温が低くて花粉が太陽によって充分に熟していないから収穫するハチたちが外出をひかえている時分に、私は、このお婆さんバチたちが坑道のいちばん上部で門番の位置についているのを見ている。この通路の地面すれすれに頭をつけて、彼女たちはじっと動かずに、侵入者に備えて生きたバリケードとなっているのだ。私が覗いてやろうと近づきすぎたりすると、ほんの少しだけ門番のハチは中に身を退いて、外から陰になったところで、こんな不作法者が去るのを待つのである。

花粉と蜜の収穫の盛んな時刻、八時から十二時までのあいだに私は、もう一度ここに来てみる。するとこのとき、コハナバチが出たり入ったりするたびに、戸口を開くためにさっと中に引っ込んだり、また閉ざすために中から上に登ってきたりを繰り返す、ピストンのような運動が見られる。

午後になると暑さはあまりに酷くなる。すると働き手のハチたちは、もはや野外に蜜集めには出ていかない。住み家の奥に引き籠もって、新しい小部屋の内部にニスを塗る。それから丸いパンを作り、やがてそれに卵を産みつける。お婆さんバチは、常に上の入り口のところにいて、禿げた頭で戸口を閉ざしている。彼女は、蒸し暑い時刻でも、昼寝なんかはしないのである。家族全体の安全のためにずっと起きていなければならないのだ。

日の暮れに、あるいはもっと遅くなってから、私はまた巣を訪ねてみる。龕灯（ランタン）の火の明かりで私は、門番が昼間と同じぐら

い一所懸命、番をしているのを見る。ほかのハチたちは休んでいる。ところが門番は決して休まない。おそらく、彼女だけが知っている夜のあいだの危険を恐れているのだろう。

第8巻8章より抜粋

マーガレットにとまる単独性のミツバチ

午後になると暑さはあまりに酷くなる。
すると働き手のハチたちは、
もはや野外に蜜集めには出ていかない。

蜜を集めるツツハナバチ

泥の巣

カベヌリハナバチは、石壁に塗り込められた石や、地面にじかに置かれた丸い小石の上に巣を造る。雌は砂粒に、石灰分の多い土と唾液とを加えて「漆喰」を練り上げ、それを材料にたくさんの小部屋を造り、そこを花粉や蜜で満たしてから卵を産む。

「左官蜜蜂」カベヌリハナバチ

ヌリハナバチの仲間の属名「Chalicodoma（カリコドマ）」というのは、ギリシア語の「泥」と「家」という語の組み合わせで、小石やコンクリートや漆喰（しっくい）で造った家を意味する。ギリシア語に親しまなかった人には妙に聞こえるだろうが、実にこれ以上はないうまい命名である。［…］このハチの仕事は左官工事であるが、それは切石を積むよりも、砂や藁や粘土の練り土を扱いなれた田舎の左官屋の方である。［…］レオミュールは職人をその仕事によって命名し、練り土を扱うこのハチの仲間のことを、「左官蜜蜂」とひと言で描き出している。［…］

ヌリハナバチは五月の初旬に仕事を始める。カベヌリハナバチは、［…］フランスの北の地方では、日当たりがよくて漆喰の上塗りのしてない石塀を選んで、その上に巣を造っている。〔…〕このハチはその巣を、むきだしの石のように堅固なものの上にしか造らないのである。南仏においてもこのハチは同様な慎重さを示すけれど、このあたりではどういうわけか、石の塀よりも別のものを土台にすることが普通である。ときによると、やっと拳ぐらいの大きさしかないこともある丸い石〔…〕がこのハチの特に好む巣の土台である。〔…〕

カベヌリハナバチは土台になる丸石を決めたあとで、大腮に漆喰の玉をくわえてそこに帰ってくる。そうしてそれを石の表面にドーナツ形のクッションのように並べるのである。前肢と、それから特に大腮が、この左官屋のいちばんよく使う道具であって、少しずつ吐き出される唾液でやわらかくこねた材料を用いて加工してゆく。練

カベヌリハナバチ

り土を堅固にするために、レンズ豆ほどの角ばった砂がひと粒ずつ、まだ軟らかい材料の外側にだけ埋めこまれる。これが建物の基礎なのである。この最初の層の上に別の層が次々と重ねられ、巣の小部屋として必要な二、三センチの高さになるまで続けられる。［…］

巣の外側はこうして、田舎ふうの建物のように石が自然のままにごつごつと張りだしているが、内部は、幼虫の柔らかい肌がけがをしないようになめらかでなければならないので、混ざりもののない漆喰で塗りこめられている。とはいえ、内部のこの上塗りは大雑把なもので、いわば鏝(こて)で粗塗(あらぬ)りしただけである。だから幼虫は、花粉と蜜の食料を食べつくしたときには、繭を作り、その住まいの粗壁を絹張りにする必要があるわけだ。［…］

建物の軸は常に、ほとんど鉛直で、口は上を向いており、とろりとした蜜が流れでないようになっているが、それを支える土台によって、多少形が異なっている。水平の面に造られるときには、巣は小さな楕円形の塊のように盛りあがるし、垂直の面や傾いた面に建造されるときには、縦に半分に切られた指ぬきに似て見える。この場合、その土台になる丸石そのものが、巣の外壁の半分の役をする。

巣を造りおえるとハチはただちに食料の貯蔵にとりかかる。近辺に咲いている花々［…］

泥の玉を運ぶヌリハナバチ

が蜜と花粉の供給源となる。ハチは嗉嚢（そのう）を蜜でいっぱいにし、腹の下側を花粉でまっ黄色にして巣に帰ってくる。そうして巣の中に頭を突っこみ、しばらくのあいだ体をびくっびくっとさせている。これは蜜を吐き出しているのである。嗉嚢が空になると、巣から体を抜き出し、またすぐさま、今度は尻の方からその中に入る。そうして二本の後肢で、腹の下側をこすり、花粉を掻き落とす。それから再び外に出て、また頭から巣に入る。大腮をスプーンのように使って蜜と花粉をかきまわし、均等に混ぜあわせるのだ。［…］

巣が半分充たされると食料の貯蔵は完了する。あとは蜜と花粉を練った食料の上に卵を一個産みつけ、戸口を閉めるだけである。これもすぐにすむ。戸は混じりけのない漆喰の蓋で、ハチはそれを周囲の部分から中心に向かって少しずつ作ってゆく。これらの仕事全部に、せいぜい二日あれば足りるように私には思われた。［…］それから、この最初の巣と隣接して、第二の巣が造られ、また同じ方法で食料が貯蔵される。こんなふうにして第三の巣、第四の巣……と常に蜜を詰め、卵を一つ産み、口を閉じてから、次の巣の基礎にとりかかってゆく。どの仕事も、始めると完全に終わるまで続けられる。ハチは、巣造りと食料の貯蔵と産卵と戸締まりという、この四つの工程が終わらなければ、新しい巣の建造に取りかからない。

第1巻20章より抜粋

産み分けの謎

ツツハナバチの仲間の多くは、イバラやアシのような空洞になっている茎の中など植物性の土台や、他の昆虫が放棄した巣などに営巣する。雌は卵の性別を産み分けるが、ファーブルはその方法を突き止めることができなかった。

ツツハナバチ

雌雄で体の大きさが異なり、必要とする食物の分量も違っているとき、ハナバチの仲間は、まず雌の卵を産み、次に雄の卵を産む、というように産み分ける。雌雄の体の大きさが同じであるときは、こうした順序がつけられることもあるが、それほどはっきりとではない。

巣として選ばれた場所が、ひと腹の卵全部を産みつけるのに充分なだけの広さがないとき、こうした二つの組分けは起こらない。その場合には卵のうちの一部が生まれ、それは雌から始まって雄で終わることになる。

卵巣から出たばかりのとき、卵の性はまだ決まっていない。性が最終的に決まるのは産

卵のときか、あるいはその少し前である。

雄であるか、雌であるかに従って、それぞれの幼虫に適した広さと食料を与えることができるように、母親のハチはこれから産む卵の性を自由に決める。住居は、他のハチなどが造ったものであったり、自然にできたものであったりして、ほとんど、あるいはまったく造りかえることのできないことがよくあるが、母バチはその住居の条件に従って、雄の卵または雌の卵を思いのままに産みつける。雌雄の配分は彼女の思うとおりになる。状況によっては、産卵の順序は逆転され、雄から産みはじめられることもある。そしてついには、ひと腹の卵が、ただひとつの性しか含まないこともある。[…]

性を決めるというこの任意の受精のためには、母バチの体の中に精液を貯蔵する器官があって、輸卵管に入った卵にその液を垂らし、雌としての特徴を与えるか、あるいは、これに精液の洗礼を与えるのを拒むことによって、本来の性質、つまり雄の性質を残してやらねばならない。[…]

卵を産む母親の意志によって、その袋は、中身の一滴を輸卵管の中に来た、成熟した卵にしたたらす。すると雌の卵ができるのである。あるいは、彼女がその卵に精子を与えることを拒むならば、卵は元のとおり雄のままである。私は自分から進んで打ち明けるのだが、この学説はきわめて単純明快で、つい認めたくなる。しかし、それは本当なのだろうか。それはまた別の問題である。[…]

ところで、いままで述べてきた驚くべき事実を報告するために、私はどんな説明をする

必要があるのだろうか。何も。まったく何も必要ないのだ。私は説明しない。ただ語るだけだ。

第3巻20章より抜粋

セキショクツツハナバチの番(つがい)

母バチはその住居の条件に従って、
雄の卵または雌の卵を
思いのままに産みつける。

人工の巣を利用するツツハナバチ

虫たちの旅

LES VOYAGES
DES INSECTS

アラメジガバチの越冬 — ヌリハナバチの方向感覚
アカサムライアリの帰巣能力

Coccinella septempunctata

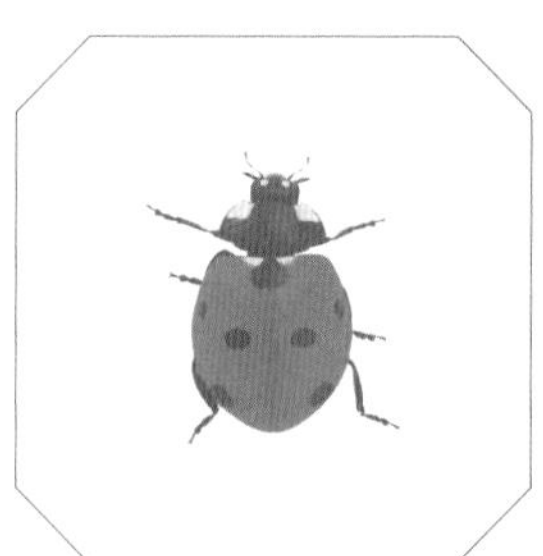

Coccinella septempunctata

ファーブルはヴァントゥー山が大好きだった。18歳でヴォークリューズ県カルパントラに落ち着くとすぐ、山が美しい時期によく登るようになり、友人を誘って一年に何度も登山することもあった。1865年8月に昆虫学者と植物学者を連れて23回目に登ったときに、頂上付近でアラメジガバチの集団——土中に巣を造るジガバチの一種で、絶対にそのあたりには生息していないものだった——を見つけたファーブルは、それ以前に観察していたテントウムシの群れの2例と合わせて、なぜ集団で移動しているのかを疑問に思った。ファーブルは虫たちの旅について『昆虫記』の中で何度も取り上げている。

虫の群れは、ファーブルがチャールズ・ダーウィンと交わした手紙の中でも扱われているテーマのひとつだが、そんな二人の親交も、1882年、偉大なイギリス人博物学者の死によって突然終わりを告げる。ダーウィンが特に興味をもっていたのは、昆虫の方向感覚だった。虫たちはどうやって、それぞれの規模で、方角を知ったり、自分たちの縄張りや巣に戻ったりすることができるのだろう。ダーウィンが提案したさまざまな実験に、ファーブルは子供たちの助けを借りながら真摯（しんし）に取り組んだ。ヌリハナバチの方向感覚については解明できなかったが、アカサムライアリについては、視力を頼りに方角を判断しているとファーブルは結論づけた。

集団で旅する虫たち

昆虫が群れることはよく知られている現象だが、社会性があまり発達していない種や単独性の種が群れる場合については、まだ十分に解明されていない。ファーブルは昆虫の群れを少なくとも3回観察し、渡りに先立って一時的に群れが形成されるのではないかと解釈している。

アラメジガバチの越冬

ヴァントゥー山の頂上付近、海抜一八〇〇メートルのあたりで、〔…〕私は一枚の大きな平たい石の下に、数百頭のアラメジガバチが隠れているのを見つけたのだが、ハチたちは互いに重なりあうように群がっており、まるで分封（ぶんぽう）するときのミツバチの群れのように、しっかり一つに固まっていた。石を持ち上げるとすぐに、この軟らかい毛で覆われたハチの群れはひしめきあうのだが、飛んで逃げようとする気配はまったくない。私はその一群を、両手にすくって離れたところに移してみるが、集団から離れようとするものは一頭もいない。共通の利益が彼らを固く一つに結びつけているようなのである。全員が飛びたたないかぎり一頭たりとも飛びたたない。

私はできるだけ注意深く、覆いになっている平たい石やその下の地面や、そのまわり近くを調べてみた。しかしこの不思議な群れができた原因をうかがわせるようなものは、何一つ発見することができなかった。ほかにどうすることもできないので、私はハチの数をかぞえてみようとした。

ちょうどそのときであった、雲が出てきて私の観察を中止させ、[…]雨が降りはじめるとすぐ、そこを離れるまえに急いで石をもとの場所に戻し、アラメジガバチをもとどおりおおってやった。[…]

アラメジガバチの集団も、こうした短い距離のあいだの移住が原因でできたものらしく思われる。[…]このハチが成虫で越冬し、どこかの陰に潜んでいて、四月を待って巣を掘るのだ[…]。アラメジガバチもヒバリ同様、冷たい氷雨の季節に備えて用心しているにちがいない。再び花が咲くときまで、蜜も吸わず絶食に

サトジガバチ

耐えることができるのであるから、食べ物がなくなるのを恐れることはないけれど、あれほど寒さを嫌うこのハチとしては、少なくとも命にかかわる寒気は避けなければならない。だからアラメジガバチは雪の多い地方や、地面が深く凍ってしまう国から逃れるのである。鳥のように隊列を組んで移住し、山を越え谷を渡って、南フランスの太陽が暖める古い壁や砂地の堤に住居を定める。そうして寒さが過ぎ去ると、ハチの群れはまた全員で、あるいはその一部が、もと来た場所に戻っていくのだ。

ヴァントゥー山でアラメジガバチが集団をつくっていた理由はこんなふうに解釈されるであろう。あれはつまり移動部隊だったのである。オリーヴの茂る暑い平野に下っていこうと、ドローム県の寒い土地から、トゥルランの深い谷を越えてきたところで雨に会い、山の峰で休止していたのである。アラメジガバチは、寒い冬を免れるために、移住しているように思われる。渡りをする小鳥たちが隊列を組みはじめるころ、このハチもまた寒い地方からもっと暖かい土地へと旅をする。谷を渡り、山を越えれば望む気候が得られるのだ。

昆虫が非常な高地に異様に集合している例を、私はほかにも二例得ている。

十月に私はヴァントゥー山の山頂の礼拝堂が、ナナホシテントウ、つまり俗にいう「神様の虫（ベット・ア・ボン・ディユー）」にすっかりおおわれているのを発見した。この虫どもは、石壁にも平石の屋根にも、あらゆる石の上に、びっしりくっつきあってとまっていたので、この粗末な造りの建物が、少し離れてみると、サンゴの玉でつくりあげたように見えるのであった。あのときいた無数のテントウムシの群れは、国中のテントウムシの総会といってもいいほどで、とても数をかぞえることなどできそうもなかった。このアブラムシ食いの虫を、高さ二〇〇〇メートルにもおよぶヴァントゥー山の頂上に呼びよせたのが、好物のアブラムシでないことは確かである。あそこの植生は貧しすぎるし、アブラムシがあんな高いところまで登ることはありえない。

もう一つの例は、六月に、ヴァントゥー山に近いサン＝タマン高原の海抜七三四メートルのところで見た。同じような群れであったけれど数はずっと少なかった。この高原のいちばん高い地点の、垂直に切り立った岩の先端に、切り石を土台として十字架が立っている。この土台と、それがのっている石の表面に、［…］ナナホシテントウが群集していた。その大多数はじっと動かなかったが、日光が直射しているところではどこでも、そこにとまろうとして飛んできたものと、ちょっと飛んでからそこに舞い戻ってきた、もともとその席にいたものとが絶えず入れかわりあっていた。［…］これらもまた昆虫の移住の例となるものであろうか。ツバメが、渡りに出発する前の日に大集合するように、テントウムシも大集合しているのであろうか。

第1巻14章より抜粋

羽を広げるテントウムシ

日光が直射しているところではどこでも、
そこにとまろうとして飛んできたものと、[…]
もともとその席にいたものとが
絶えず入れかわりあっていた。

ダーウィンのアイデア

ダーウィンの死後、ファーブルはダーウィンが提案していたさまざまな実験を行った。ヌリハナバチを遠くまで連れて行って、方向感覚を失わせても、比較的高い割合で巣に戻ってきた。

ヌリハナバチの方向感覚

この英国の碩学チャールズ・ダーウィンが『昆虫記』の第一巻を読んだとき、特に驚いたことがひとつあった。それはヌリハナバチが、遠くまで連れて行かれたあとで巣に戻る能力のことである。帰り道において、ハチはどんな羅針盤をもっているのか、どんな感覚に導かれているのか。[…]

つまりチャールズ・ダーウィンは、次のように提案しているのである。[…]ハチを一頭ずつ別々に紙漏斗に入れ、あとで行きたいと思っているのとは反対の方向に、まず百歩ほど行く。それからハチを、丸い箱に入れる。箱には心棒がついていて、ある方向とその反対方向に高速で回転する。こうすればしばらくのあいだ、ハチの方向感覚は麻痺させられるであろう。方向感覚を失わせるための回転が止まると、もとの道を引き返して、ハチを

放してやる地点まで行くというのである。[…]

一八八〇年五月二日、私は［…］十頭のナヤノヌリハナバチの背中に、白の印をつけた。［…］背中につけた印が乾くと、私は連中を摑まえて、いま述べたようにブリキの箱に入れた。それからまず、私が行こうと思うのと反対の方向に五〇〇メートル運んだ。［…］そしてそこで、すべて決めたとおりにハチを振り回す。［…］

そのあと私は引き返し、セリニャンの村から西のほうに向かった。［…］途中で、実験をより確かなものとするために、私は第一回めと同じぐらい複雑に、回転を繰り返し、ハチを放す地点と決めたところで三度めの回転を行った。［…］私はハチを二時十五分に放した。紙漏斗を開けるやいなや、ハチはたいてい、私のまわりを何度か回り、それから猛烈な勢いで飛んで行く。その方角は、私の判断するかぎり巣のあるセリニャンのほうである。［…］十五分後に、巣のそばで見張っていた次女のアントニアが、帰ってきた最初のハチを

ナヤノヌリハナバチ

発見した。夕方私が帰ったときに、べつの二頭が到着した。遠くに連れて行かれた十頭のうち、その日に、合計で三頭が帰ってきたことになる。〔…〕実験の結果は、チャールズ・ダーウィンが予測したとおりでも、私が予測したとおりでもなかった。〔…〕

ダーウィンがすすめたとおりに、まず放す地点とは反対の方角にハチを運んで行ってもむだであったし、そこから引き返すときに、思いつくかぎり複雑に振り回してみてもむだであった。〔…〕なにをしても効果がない。ヌリハナバチは戻ってくる。その日のうちに戻ってくるものの割合は三〇パーセントから四〇パーセントのあいだである。〔…〕どんなにすぐれた洞察よりも雄弁な事実が目の前にあるのだ。そうして問題のほうはあいかわらず不可解なままである。

第2巻7章より抜粋

視覚と記憶

アカサムライアリは他のアリの巣を襲撃し、蛹を狩る。蛹から出てきた成虫を、自分たちの奴隷として働かせるためである。しかしファーブルが研究したのはこの習性ではなく、アカサムライアリが襲撃のあと巣に戻る能力であった。

アカサムライアリの帰巣能力

そうだ、アリが帰り道を見つけるのに使っているのは確かに視覚だ。しかしこの視覚は、非常な近眼であって、ほんのいくつかの小石の位置が変わっただけで、視界が一変してしまうのである。こんな近視にとっては、一枚の紙や、ハッカの葉や、黄色い砂の帯や、一筋の水や、箒のひとはきや、そのほかもっとわずかな変化でも、風景がまったく変わってしまうのである。そうして戦利品を抱えて、一刻も早く帰ろうとする大隊は、そんな見知らぬ地域まで来ると、不安げに行進を停止する。

この変な、まぎらわしい地帯も最後には乗り越えられるが、それは、さま変わりした地帯を、何度も何度も横断する試みを繰り返したあげく、何頭かのアリがついに、はるかかなたに見なれた場所を見いだすからなのだ。この先見の明のあるものたちを信頼して、ほかのアリたちはあとに従っていく。

視覚だけでは不充分で、アカサムライアリたちは場所についてのはっきりした記憶も、同時にそなえていなければならない。

アリの記憶力！　いったいそれはどんなものなのだろう。われわれの記憶力と、どこが似ているのだろうか。

こんな質問には、私は答えるすべがない。しかし、[…]次のようなことを私は何度も目撃している。

ときによると、掠奪されたクロヤマアリの巣のなかに、アマゾンアリの遠征部隊がとても運びきれないほどの獲物が蓄えられていたり[…]することがある。その地を徹底的に収奪するためには、もう一度掠奪しに行かなければならない。それで、その翌日か、二、三日あとに、第二の遠征が行われる。すると今度は、部隊は通路をうろうろ探しまわったりせずに、蛹が豊富にあるクロヤマアリの巣まで、ずんずん進んで行く。しかもまえに通った道を正確にたどって行くのである。私はアカサムライアリが二〇メートルほど行進した道に小石で目印をつけておいたのだが、二日たって小石から小石へと、また同じ道を通って遠征に出るのを見かけたことがある。私は目印の小石を頼りに、アリはここを通るだろう、それからあそこを通るだろうと、思い描いた。するとまさにそのとおり、アリはここを通り、あそこを通り、私のつけた目印の小石からあまりそれることなく行くのであった。

第2巻9章より抜粋

＊アマゾンアリ：アカサムライアリの別名

「アリの記憶力!
いったいそれは
どんなものなのだろう」
—— ジャン=アンリ・ファーブル

アカサムライアリ

アリはここを通るだろう、
それからあそこを通るだろう…

「奴隷」を連れたアカサムライアリ

クモとサソリ

LES VOYAGES
DES INSECTS

コガネグモの網 — 子グモたちの飛翔 — ナガコガネグモの狩り
ナルボンヌコモリグモ — サソリの婚礼

Argiope bruennichi

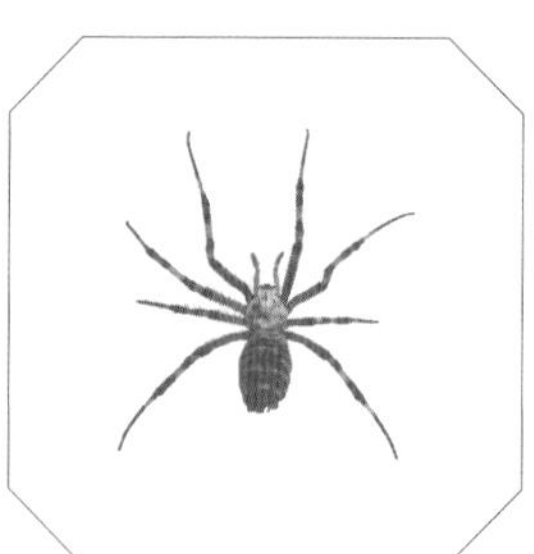

Argiope bruennichi

クモとサソリは、現在ではクモ類に分類されているが、かつては昆虫に分類されていた。ファーブルは、クモやサソリも昆虫と同じくらい熱心に観察し、いくつかの種とさまざまな問題に関心を寄せていた。クモについては、巣の網の構造、張り方、機能など、昔の学者が行った研究を受け継いでいる。博物学者であるだけでなく、数学者でもあるファーブルが目を見張るような事実がそこから明らかになった。ファーブルは、精巧な対数螺旋を描くクモの網を幾何学的に説明すると同時に、これほど優美で、複雑で、しかも効果的な構造といえども、本能のなせる技であり、理性はまったく関与しないと言い添えている。もっと粗野な習性をもつ別のクモは、ただ待ち伏せして狩りをするだけだ。「オオカミグモ」とか「タランチュラコモリグモ」と呼ばれるコモリグモがその一例である。またファーブルは、家族の助けを借りながら、より原始的なクモの仲間である、サソリを自宅で観察する。ファーブルが描写した、サソリたちの奇妙な婚礼のダンスの後、夫婦の一方は不幸な最期を遂げる。

コガネグモの幾何学

年老いたファーブルは、クモが網を張る様子を何時間も観察した。長い研究に費やした、長い人生の終わりに、ファーブルは、とうとう「クモの網を測量するという、非常にお金になる職責をはたすことが可能になった」(第9巻14章)と、憂いを含んだ皮肉を述べている。

コガネグモの網

何本かの放射状の縦糸を一方向に張ったあと、クモは続いてそれと逆方向に何本かの縦糸を張るために、真向かいの枠糸に駆けつける。

こんなふうにいきなり縦糸を張る向きを変えるのは、きわめて理にかなったやり方であって、このことはクモがどれほど網の均衡を保つことに精通しているかを、われわれに示しているのだ。もし放射状の縦糸が順々に規則的に張っていかれるなら、この何本かの糸には、反対側から引っ張って拮抗する力がまだないために、安定した支えがなくなり、自身の張力のためにひきつって、網の形は崩れてしまうかもしれない。それで、何本か縦糸を張ったあと、続けて隣に張るよりまえに、その正反対の側にまた何本かの縦糸を張って、拮抗する力で全体の釣り合いをとる必要があるのだ。

あるひとつの方向に張力を及ぼす力に対しては、ただちに逆方向に引く、もうひとつの力をすぐに対置させなければならない――人間の静力学はこのように教えており、クモはそれを実践している。クモは誰のもとで修行したわけでもないのに、一人前の親方となり、糸を用いた建築の秘訣を心得ているのだ。

こうした一見無秩序な、途切れ途切れに行なわれる作業によってできあがるのは、雑然と縺(もつ)れ合(あ)った網だろうと思われるかもしれない。だがそれはとんでもない間違いである。

放射状の縦糸はすべて等距離に張られ、見事に均整の取れた旭日（きょくじつ）を形づくっているのだ。しかも、放射状の縦糸の本数はコガネグモの種によってほぼ決まっている。すなわち、
カドオニグモの網は二十一本。

ナガコガネグモの網は三十二本。

ナナイボコガネグモの網は四十二本。

というぐあいで、この数は厳密に一定不変というわけではないけれど、増減はきわめて少ない。


ところで、そもそもわれわれ人間のなかの誰がいったい、長い試行錯誤を繰り返すこともなく、計測の道具もなしに、ひとつの円を同じ角度をもったこれほど多くの扇形に分割することができるだろうか。ところがクモは、荷物袋のような腹を抱え、風に揺れる網の上でよろめきながら、そんなことは平気の平左で、正確に円を分割する。われわれの幾何学からすれば常識はずれというほかない方法で、クモはそれをやってのけるのだ。無秩序を用いて、クモは秩序を生み出すのである。［…］

放射状の縦糸は張り終わった。クモはいちばん初めの目印と、切り取った糸屑（いとくず）とでできた、中心の小さな厚布（パッド）の上に身を落ちつける。そしてこの足場を利用してゆっくりとその場で回りはじめるのだ。今クモは、緻密な仕事に取り掛かっているのである。

中心から出発したクモは、極細の糸を出しながら、ひとつの放射線から次の放射線へと、一周ごとの間隔の非常に狭い螺旋（らせん）を描いていく。［…］

こういうふうに螺旋という用語を使うと、それに曲線という意味が含まれているものだから、いかにもクモが曲線を描くように思われるけれど、惑わされてはならない。クモの造る網に曲線の要素は一切ないのだ。クモが用いるのは直線と直線の組み合わせのみである。ここでは単に、幾何学でいう「曲線に内接する折れ線」が問題になっている［…］。

第9巻6章より抜粋

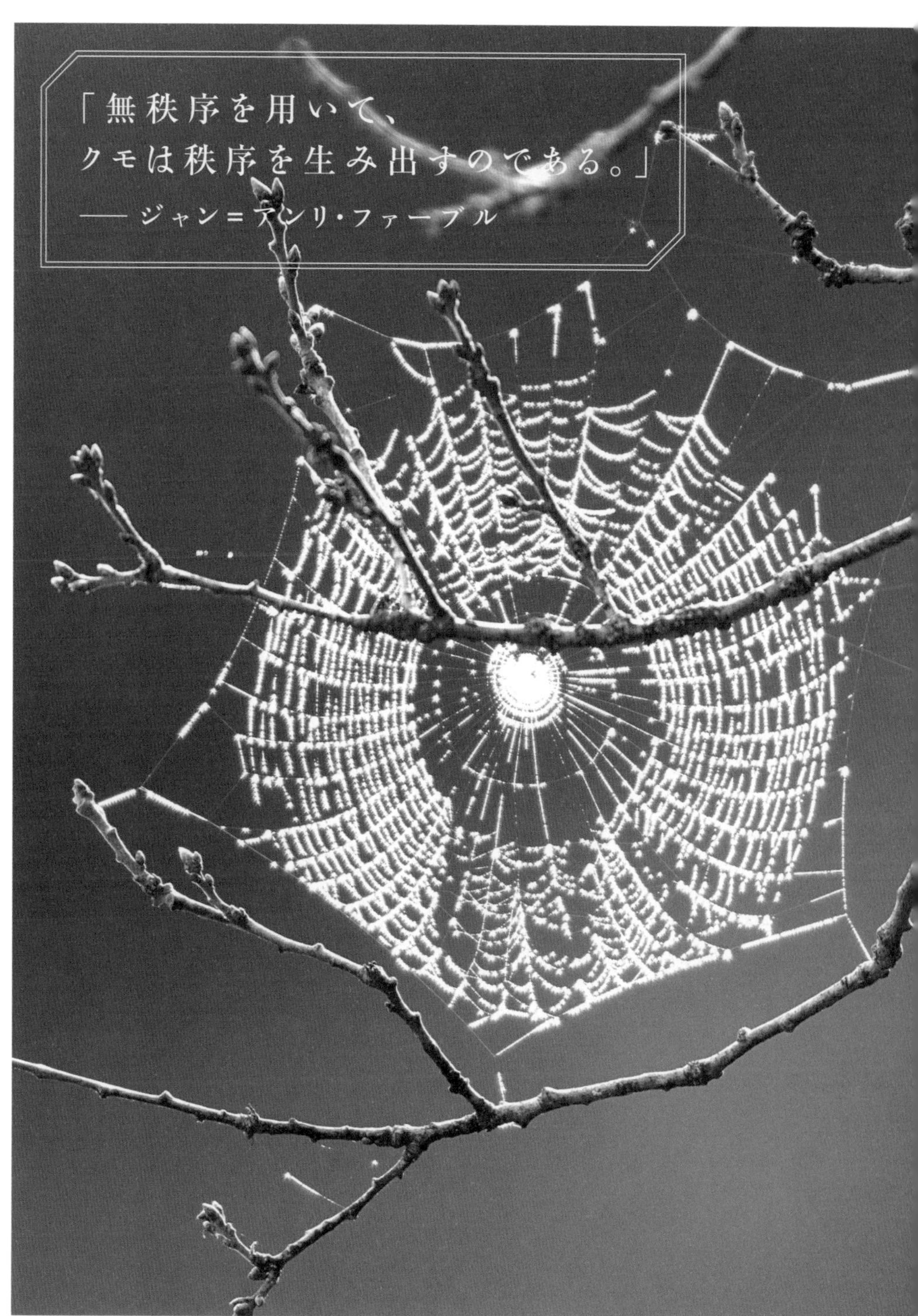

朝日にきらめくクモの網

粘着糸で網を造るコガネグモ

放射状の縦糸は張り終わった。
クモは[…]中心の小さな厚布（パッド）の上に
身を落ちつける。

飛行用の糸

生まれたばかりの、体もしごく小さな子グモたちは、卵嚢を出ると、「上昇するためのパラシュート」となる長い絹糸を紡ぎ出す。暖かい空気の流れに乗って上昇した子グモたちは、再び地面に着陸する前に、ときにはかなり長い距離を飛び回ることもある。

子グモたちの飛翔

十一時ごろ私はふと思いついた。そうだ、小枝の茂みに群がって、早く出発したくてうずうずしている子グモたちを、陽のかんかん当たっている窓際に置いてみてやろう、と。熱を受け光を浴びると、数分のうちに、その場の光景は一変した。移住する子グモたちは、小枝の頂に駆け上がり、そこで活発に体を動かし、うようよひしめきあっている。今やまさに、驚くべき紡績工場の観を呈しているのだ。何千もの脚が紡ぎ疣から糸を引っぱり出し、できた糸は風の吹くままになびいている……と、実は目には見えないのだけれど、そんなふうに推察される。

子グモたちは三頭、四頭と同時に出発していくのだが、それぞれ別の方向に、気の向くまま飛んでいく。すべてのクモの子がそれぞれ支えとなる糸の吊り橋をよじ登っていく。実際には、糸は目に見えないけれど、脚が忙しく動くのでわかるのだ。それに、クモが登ったあとに、二本目の糸のために支えの糸が二重になるので、たどった経路が見えるようになる。そして、ある高さに達すると、クモはじっと動かなくなる。小さなクモは空中を漂い、陽光に輝いている。子グモたちはゆっくり体を揺さぶっていたかと思うと、いきなりぱっと飛び立っていく。

何事が起きたのであろう——窓の外ではかすかに風が吹いている。漂っていた繋留索(けいりゅうさく)がぷつりと切れて、クモの子は落下傘(パラシュート)に引っ張られて出発していったのだ。私には遠ざかっていくクモの子が、ここから二十歩ばかり隔(へだ)たった、何本もの濃い緑色のイトスギを背景に、輝く点のようにくっきりと浮かび上がっているのが見える。子グモはやがてこの立ち並ぶイトスギの壁の上のほうへと昇っていき、それを越えて見えなくなってしまう。ほかの子グモたちがそれに続く。ある者は高く、ある者は低く、まちまちな方向に旅立っていく。

さて、今やこの群れの本隊が出発の用意を整えた。大きな群れをなして方々に旅立つ時がきているのだ。小枝の茂みの頂から、微粒子の弾丸のような子グモたちは束になって飛び上がり、上昇すると、四方に拡散するのだ。つまりこれは花火の束、一時(いちどき)に放たれた火箭(ひや)の束なのだ——こうしたたとえは輝きの点でも当(とう)を得たものである。陽に照らされて、まるで炎のように輝く点々となっている小さなクモたちは、いわばこの生命ある花火の、

ひとつひとつの火の粉なのである。なんと華々しい出発であることか！　なんという人生の門出であろうか！　飛行用の糸にしがみついて、この子グモたちは大いなる栄光に満ちて上昇していく。

第9巻5章より抜粋

巣立っていく子グモたち

絹の罠

クモが張る網は、見事な幾何学模様を描いているだけでなく、恐るべき効力を発揮する罠でもある。構造の土台となる第一の螺旋に重ねて、第二の螺旋が張られる。粘着糸でできたこの第二の螺旋に、飛んだり跳ねたりしてやってくる虫がことごとく捕らえられる仕組みなのだ。

ナガコガネグモの狩り

このクモの狩猟の道具は垂直に張った広い巣の網で、大きさはその場所の状況にもよるけれど、近くの木の小枝に、舫い綱のような何本もの糸で結びつけられている。その構造は網を張るほかのクモたちが用いているそれと同じで、中心点から等距離に、何本かの真っ直ぐな糸が放射状に出ている。そしてその骨組の上に、横木のように一本の糸が中心から周縁に向かって螺旋状に走っているのである。[…] 張られた網の下の部分には、中心から下に向かって、白っぽく幅の広い糸の帯が、放射状の糸を横切るようにジグザグに配置されている。これはコガネグモの商標のようなものである。[…]

腿の強い筋肉でいきあたりばったりに跳ねる血気さかんなバッタの類が特によくこの罠

にかかる。［…］もし、最初のひと蹴りでのがれることができなければ、それでもうバッタは破滅なのである。

獲物に尻を向けて、ナガコガネグモは如雨露の蓮口のようにたくさんの穴が開いた紡ぎ疣をいっせいに稼働させる。そして勢いよく噴出させた絹糸をほかの脚よりも長い後脚で受け止め、その絹糸をふわりと広げるために、アーチを描くようにその二本の後脚を大きく開くのである。この動作によって、クモの糸は、もはやふつうに吐き出された糸とは違ってくる。それは玉虫色に煌めく一枚の布であり、雲のようにふわふわしたひとつの扇のようである。そして、それを形づくる複数の糸は、互いにくっついたりもつれたりせずに、一本一本がほとんど独立した状態を保っているのだ。

クモは長い二本の後脚を代わる代わる使って、速やかに糸を手繰り寄せては、この屍衣を獲物に投げつけ、しかも同時に、布をまんべんなく巻きつけるために相手の体を何度も何度もぐるぐる回転させるのである。

投げ網を武器とした古代ローマの剣闘士は、猛獣を相手にするときは、丈夫な綱を編んだ網を左肩にかけて闘技場に登場したという。［…］

ナガコガネグモもこんなふうに行動するのであるが、このクモのさらなる強みは、絡め取るための網なら何枚でも次々と出すことができるということにある。最初の一の網で足りなければ、またすぐに二の網、そしてその次、さらにもう一度というふうに、絹の倉庫の蓄えが尽きるまで繰り返すことができるのである。

白い屍衣の中で、獲物がもはやぴくりとも動かなくなると、ナガコガネグモは縛り上げられた虫に近づいていく。このクモには、獣と闘った剣闘士の三つ叉の鉾よりも優れたものがある。毒牙（どくが）をもっているのだ。クモはバッタを軽く咬（か）む。しっかり咬みついてはなさない、というのではない、ちょっと咬む。それから身を引いて、獲物に麻酔が効いて弱るのを待っているのである。

まもなくクモは身動きしなくなった獲物のところに戻ると、何回も口をつける場所を変えながら、その中身を吸い、からからに吸い尽くしてしまう。ついには半透明になるまで中身を吸われた獲物の残骸は、網から外され、ぽいと投げ捨てられる。そしてクモはふたたび、網の中央の待ち伏せの定位置につくのだ。

第8巻22章より抜粋

巣で待ち伏せるニワオニグモ

獲物をからめとるナガコガネグモ

白い屍衣の中で、
獲物がもはやぴくりとも動かなくなると、
ナガコガネグモは
縛り上げられた虫に近づいていく。

巣穴で狩りをするクモ

ツチスガリの場合と同じように、ファーブルはコモリグモについても、レオン・デュフールの研究に触発されている。ナルボンヌコモリグモは、南仏に生息する大型のクモで、網を張らず、絹張りの巣穴の中で待ち伏せして、近くを通りかかる小型の虫を手当たり次第に狩る。

ナルボンヌコモリグモ

ナルボンヌコモリグモ、一名クロハラタランチュラは、タイムの好むような荒れはてた、小石だらけの、南仏で荒れ地（ガリーグ）と呼ばれる石灰岩質の原野に住んでいる。その住まいは、小屋というよりはむしろ砦（とりで）と言ったほうがいいようなもので、葡萄酒（ぶどうしゅ）の壜（びん）の首ぐらいの口径をもつ、深さ一アンパンほどの井戸である。この巣穴は縦に掘られるものなのだが、こういう小石混じりの土地ではその石がよく邪魔になるものだから、そのまま垂直に、とはいかず、曲がりくねっていることがある。[…] 上のほうで何か獲物が引っ掛かったような音がすると、クモは曲がりくねった洞穴の中から、まるで真っすぐな井戸を駆（か）け上（あ）がるような速さで飛び出してくる。ばたばた暴れて抵抗する獲物をその魔窟（まくつ）まで引きずっていく必要があるときなどは、巣穴が曲がりくねっていることはむしろ、クモにとって都合がいいのかもしれない。

たいていの場合、巣穴の底は横に広がった広間のようになっている。ここが休み場なのだ。満腹のとき、クモは長いことそこで瞑想に耽(ふけ)りながら、のんびり時を過ごしている。井戸の内側は絹張りになっていて、壁面の土が崩れてざらざら落下するのを防いでいるのだが、コモリグモは網を張るクモほど絹糸をたっぷりもっていないので、絹張りとはいっても慎ましいものである。脆(もろ)い土を補強し、ざらざらした面をなめらかにするこの絹糸の覆(おお)いは、特に坑道の上のほう、出入口の近くにだけ張ってある。

コモリグモは陽の明るいうち、あたり一帯に何事もなければこの入口に静止して、クモにとっての大きな喜びである太陽の光を気持ちよさそうに浴びていたり、獲物が通りかかるのを待ち伏せしたりしている。光と熱とに酔いしれながら、何時間もじっと身動きもしないでいるとき、または通りかかった獲物にぱっと跳びつく必要があるとき、この絹糸の上張りはどの方向に対しても、脚(あし)の爪(つめ)を引っかけることのできるしっかりした足場となる。

巣穴の出入口のところには、そのまわりを取り囲むように胸壁(きょうへき)が建っている。高いものもあれば低いものもあるけれど、これには、細かい砂利や小枝の切れ端や、近くに生えている芝草の細長い枯れ葉が使用してあって、それらの材料全体をなかなか巧みに絡(から)ませ、絹糸でかっちり固めてある。[…]

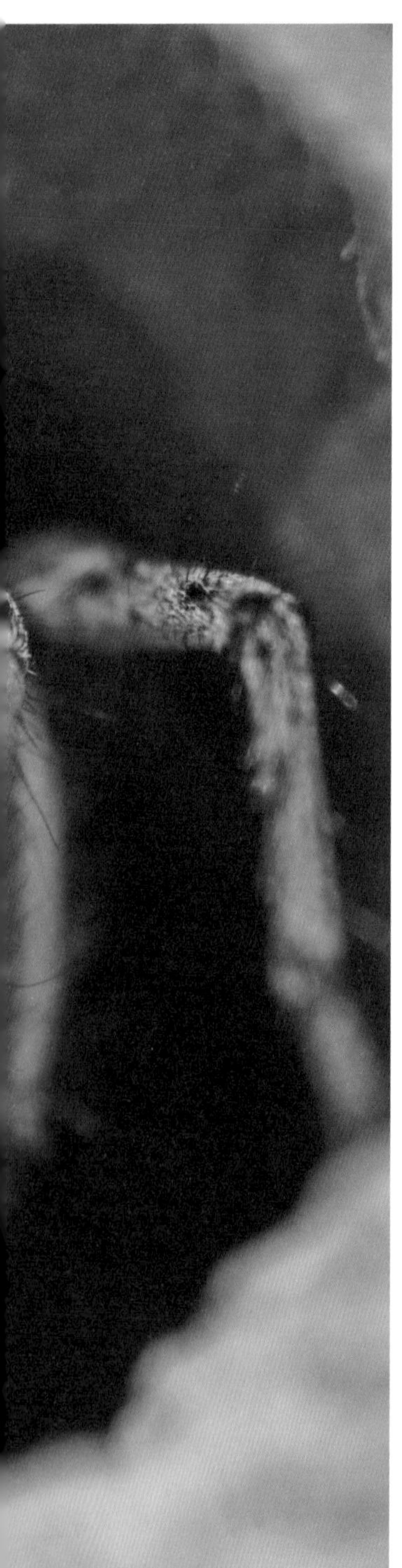

三センチほどの高さの砦の塔の上から、コモリグモはバッタが通りかかるのを待ち伏せしていて、獲物を見つけるとさっと飛び降りて追いかけ、首筋に咬みついてひと息に仕留めてしまう。餌食はその場で食われることもあれば、巣穴の中で食われることもある。バッタの仲間のあの硬い外骨格も、このクモは厭うことなく平気でたいらげてしまうのだ。この屈強な狩人は、コガネグモのように体液を吸うのではない。大腮でばりばり嚙み砕くような歯ごたえのある食物が欲しいのである。いわば骨をむさぼり食う犬みたいな奴なのだ。

第9巻1章と第8巻23章より抜粋

＊1アンパン＝20〜22・5センチメートル

巣穴の入口で待ち伏せるコモリグモ

死のダンス

年老いたファーブルは、荒れ地（ガリーグ）にサソリを観察しに行くことができなかった。そこで、ガラスを張った大きな木製の飼育箱を自宅に用意し、サソリの隠れ家となる鉢のかけらとともに25頭ほど住みつかせた。こうして、家中のみんな、飼い犬までもが、囚われたサソリの野蛮な習性を観察したのだった。

サソリの婚礼

二頭のサソリが互いに向かい合い、鋏を差し出して握り合っているのだ。これは情のこもった握手であって、戦いの前兆ではない。対（つい）になったこの二頭が互いに相手に対して、とても平和的に振る舞っているのでそれがわかる。ここにいるのは雄と雌なのだ。いっぽうは腹が膨（ふく）れていて色合いが濃い。こっちが雌だ。そしてもういっぽうは比較的ほっそりしていて色が薄い。雄なのだ。二頭は尻尾をくるりと優雅に巻き、規則正しい歩調でガラス板に沿ってそぞろ歩きをしている。雄が先にたって後じさりに雌を導いていくのだが、その際に相手を揺さぶったり、嫌がる相手を無理やり連れまわすといったようす

はみえない。雌は先を行く雄に鋏の先を摑まれたまま、顔と顔とをくっつけ合って、従順についていく。［…］

なんのために二頭のサソリたちは散歩しているのか、知るための手がかりは何もない。ただあてもなくぶらぶらと歩きまわり、きっと目配せを交わしたりしているにちがいない。［…］サソリの番（つがい）はこうして散歩しながらしばしば方向転換をするのだが、歩いていく方向を決めるのはいつでも雄のほうである。雄は相手の手を離すことなく、優雅に半円を描いて雌のお腹にぴたりと寄り添う。このとき彼は一瞬尾を横に寝かせて彼女の背中を優しく撫でるが、雌は身じろぎもせず知らん顔をしている。

優に一時間、このはてしもない往復運動を見ていて私は飽きなかった。家の者たちの何人かが見張りを手伝ってくれていたけれど、今日まで誰も、すくなくとも、きちんと観察できる人間の目で、

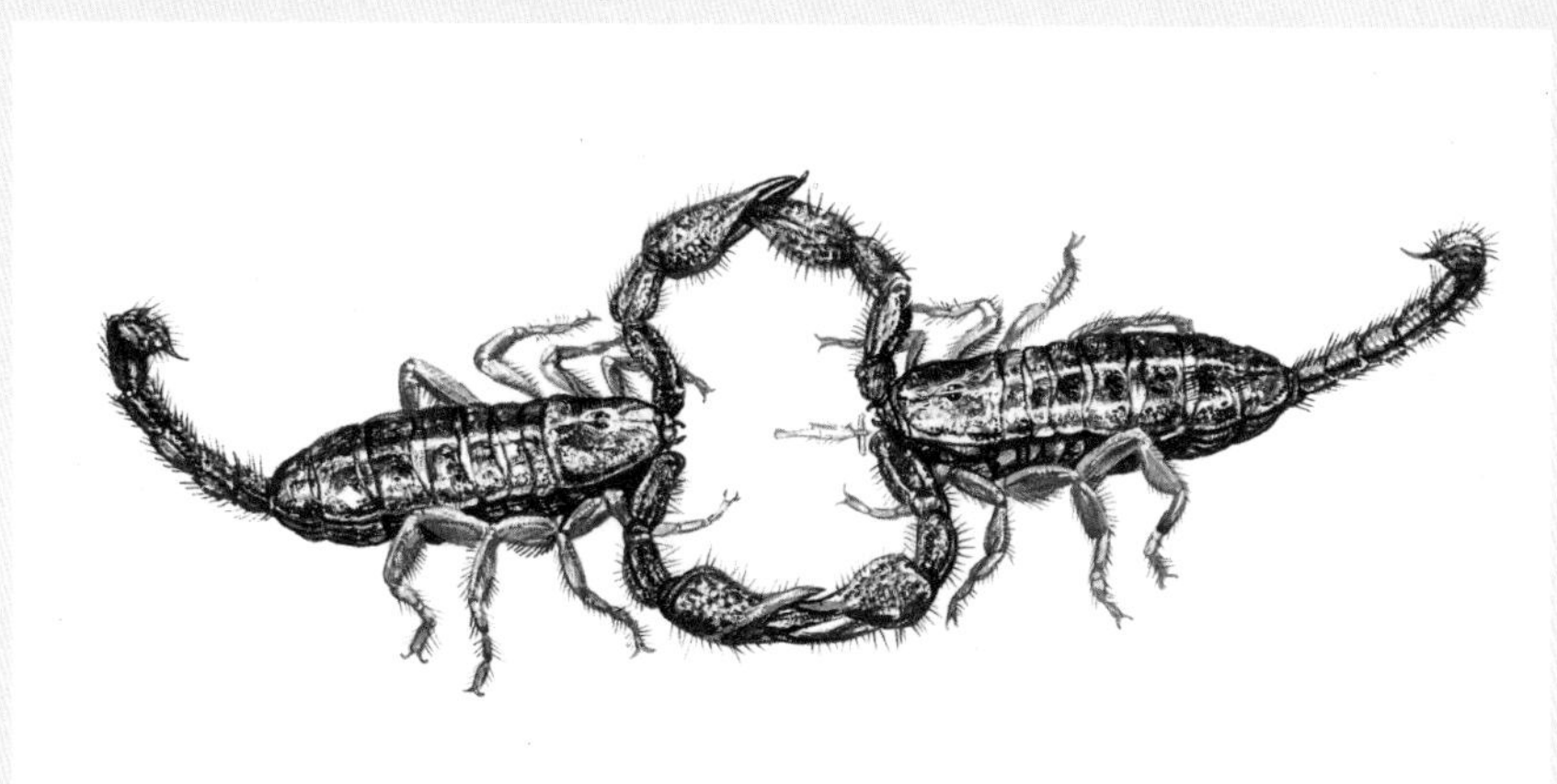

サソリの婚礼ダンス

こんな不思議な情景を見た者はいなかったであろう。もうかなり遅い時間で、我が家は早寝早起きだから、眠くてたまらなかったのだが、みなで協力して注意しつづけていたので、大事なことは何ひとつ見逃してはいない。

もうじき十時というころになってようやく結末を迎えることになった。雄が鉢のかけらのところまでやってきたのだ。どうやらその下の隠れ家が気に入ったらしい。彼は相手の手を片方だけ離してやり、もう一方の手はしっかり捕まえたまま、足で地面を引っ掻き、尻尾でざっと砂を払っている。すると巣穴の口が開いた。彼はそこに潜り込み、おとなしい雌を少しずつ、穏やかに中に引き

子どもを背にのせたラングドックサソリの雌

ずり込む。けっして手荒な扱いはしない。やがて、二頭とも穴の中にすっかり姿を消してしまう。砂で入口が塞(ふさ)がれ、雌雄のサソリは中に閉(と)じ籠(こ)もった。［…］

この牧歌的な恋の夕べに引きつづいて、恐ろしい惨劇が夜間に起きる。翌朝、雌のサソリは昨夜と同じ鉢のかけらの下にふたたび見出される。小柄な雄はその傍(かたわ)らにいることはいるけれど、もう殺害され、少しばかり食べられているのだ。頭と鋏の一本、脚の一対がなくなっている。私はその死骸を隠れ家から出して入口に置いた。昼のあいだ、中に隠れている雌はそれに手をつけない。しかしまた夜がきて、彼女は外に出る途中で死者にぶつかると、ちょっと運んでいって名誉ある葬儀を執りおこなう。すなわち腹の中に収めるのだ。

第9巻21章より抜粋

ラングドックサソリは[…]ひどく少食だ。

ラングドックサソリ

ガヤチョウとその幼虫

LES VOYAGES
DES INSECTS

オオクジャクヤママユの夜 ― マツノギョウレツケムシの行進
ハリネズミケムシ ― ミノムシ ― オオモンシロチョウ

Saturnia pyri

Saturnia pyri

チョウやガは、誰もが知っているとてもよく見かける昆虫だ。しかしファーブルはチョウやガについてはわずか数章しか書いていないし、しかもあまり見かけないものを好んでいたようだ。実際、ヨーロッパ最大のガである、非常に美しいオオクジャクヤママユは、人目につきにくい習性と夜行性のために、一般の人たちにはほとんど知られていないのだ。ところがそのガが原因で、5月のある夜、ファーブルの家中がひっくり返ったような大騒動になる。この話から、昆虫のもつある習性が思い浮かぶ。それは、ときには非常に遠く離れた場所からでも、雄は抗いがたい力で雌に引き寄せられる、というものだ。ファーブルは他のガも研究したが、毛虫の段階にしか興味がなかった。行進することで知られるマツノギョウレツケムシもそのひとつで、ファーブルがこの毛虫たちを行進させた実験はまるで目の前で繰り広げられているかのようである。ミノガは、小型で目立たないガだが、幼虫のミノムシは身を守るために素晴らしい鞘を造る。最後に、オオモンシロチョウについては、ファーブルが書いた唯一のチョウの章で、『昆虫記』の最後を文字通り飾っている。『昆虫記』第11巻として発表されるはずだったオオモンシロチョウの章は、1924年に出版された決定版『昆虫記』第10巻に追加された。

（＊ファーブルは『昆虫記』全10巻の出版後も研究を続け、「ホタル」と「キャベツのアオムシ」の章が第11巻の冒頭を飾るはずだったが、高齢のために第11巻の出版を断念した）

匂いに引き寄せられる雄

適齢期のオオクジャクヤママユの雌は、数キロメートルも離れた場所から雄を引き寄せる。家族全員で観察したこの現象は、ファーブルが昆虫の嗅覚を研究するきっかけになった。

オオクジャクヤママユの夜

夜の九時ごろ、家族の者が寝につく時間に、隣の部屋で大騒動が始まった。息子のポールが半分服を脱ぎかけのまま、まるで気でも狂ったように、部屋の中を行ったり来たりし、走ったり跳んだり、足を踏み鳴らしたり、椅子を蹴倒したりしているのだ。そして大声で私を呼ぶのである。

「早く、早く見にきてよ。ガだよ、鳥みたいに大きなガ。部屋中いっぱいだよ！」

私は駆けつけた。道理で、子供が熱狂して大声を出すはずである。家の中にこんなのが入り込んできたことは今までなかった。大きな大きなガの襲来だった。ポールはすでに四頭を捕らえてスズメ用の籠(かご)に入れている。その他のたくさんのガたちは天井のあたりを飛びまわっているのだ。

この光景を見て私は、今朝、羽化した雌のガを捕らえておいたことを思い出した。私は息子に言った。

「服を着るんだ、ポール。籠はそこに置いといて、パパと一緒においで。面白いものが見られるぞ」

寝室から下に降りて、母屋（おもや）の右側にある研究室のほうに行った。台所では女中もこの出来事にびっくりしていた。彼女は前掛けではたいて大きなガを追いまわしていたが、初めはこれをコウモリだと思い込んでいたのだ。

オオクジャクヤママユは家じゅうのどこにでもいて、まるでこの家を占領しているようであった。二階の研究室の雌のまわりは、いったいどうなっているだろう。あれがこの大騒動の原因なのだ。幸いなことに、あの部屋の二つある窓のうちのひとつは開け放しになっていて、自由に出入りできる。

蠟燭（ろうそく）を手に持って私たちは部屋に入った。そのとき目にした光景は、一生忘れられないものであった。ゆっくり、ひらひらした飛び方で、大型のガたちは籠のまわりを飛びまわったり、金網に止まったり、また飛び立ったかと思うと戻ってきたり、天井に舞い上がってはまた降りてきたりしているのだ。ガたちは蠟燭に襲いかかり、翅ではたいて消してしまう。我々の肩にぶつかり、服に止まり、顔のあたりをかすめる。そのさまは、まるでヒナコウモリの舞い飛ぶ降霊術師の巣窟（そうくつ）のようである。幼いポールは恐がって、いつもより強く私の手をぎゅっと握り締めている。

この部屋に全部で何頭くらいいるのだろう。二十頭くらいか。これに台所や子供の部屋や、その他の部屋に迷い込んだものたちを足すと、集まってきたガ全体の数は四十頭近くになるであろう。

第7巻23章より抜粋

木にとまるカイコガの仲間

オオクジャクヤママユの幼虫

背中には、黒い剛毛がまばらに生えた
いくつもの瘤(こぶ)があり、
それぞれの瘤の頂(いただき)には
青緑色(ターコイズブルー)の真珠の玉が象嵌(ぞうがん)されている。

面白い行列

マツノギョウレツケムシは、昆虫学の用語のなかでは極めて珍しい例外で、成虫ではなく幼虫にちなんで命名されている。成虫のほうは灰色がかった、目立たないガであるのに対し、幼虫の巣や行列、森を食べ尽くす行動が、ひときわ注意を引く。

マツノギョウレツケムシの行進

ラブレーの『パンタグリュエル物語』のなかで、商人ダンドノーの羊たちは、パニュルジュがたくらんで海に放り込んだ一頭の羊のあとを追って、あわててつぎつぎと海に飛び込んだ。「なぜなら、」とラブレーは書いている。

「この世でいちばん愚かで無能な動物である羊の性質とは、それがどこに行こうと、最初の羊のあとに従うことだからである」

マツノギョウレツケムシは、無能だからではなく、必要性があって、羊以上に羊的な行動をとる。最初の毛虫が通過したところを、他のすべてのものたちが、間隔をおかず、きちんと行列して通過するのだ。

毛虫たちは一本の長い紐のように一列になり、それぞれが先に立つものの尻に頭をつけて進んでゆく。先頭を歩く虫が当てもなく気ままにさまよいながら、複雑に曲がりくねった線を描いていくと、他のものたち全員が、丁寧にそれをたどっていくのである。[…]ここから、松葉を齧る虫に行列毛虫という名がつけられたのである。

この毛虫は一生、綱渡りをしている、と付け加えていえば、その性質について完全に述べたことになる。虫はぴんと張った綱の上、つまり歩くにつれて敷かれていく絹の軌道の上しか歩かない。偶然、行列の先頭に立った毛虫は、絶え間なしに糸を吐き、気の向くまま道の上に貼りつけてゆく。[…]しかし二番目の虫がこの、あるかなしの歩道

ガやチョウとその幼虫

に来ると、その糸を二重にする。次のが三重にする。他のものたち全員が口から吐く糸をたっぷりそこに貼りつけるので、行列が通過したあとには、道にひと筋細いリボンが残され、真っ白くキラキラ太陽に輝いている。毛虫たちの道路舗装のやり方は、人間の場合よりずっと豪勢で、四角いマカダム石を敷くのではなく、絹を敷き詰めるのである。

人間は道路に砂利を敷き、重いローラーを転がして表面を平らにするが、毛虫たちは道路にふんわりとした繻子の軌道を敷くのだ。［…］こんな贅沢なことをして何になるのであろうか。［…］

クレタ島の迷宮の中で、英雄テセウスは、アリアドネのくれた糸玉がなければ道に迷っていたであろう。

針のような松葉の広い広い茂みは、特に夜はなおさら、クレタの王ミノスの迷宮と同じように、複雑に入り組んだ迷路である。しかしマツノギョウレツケムシは、絹糸の助けで、ほぼ間違うことなく道を進んでいく。

第6巻20章より抜粋

マツノギョウレツケムシ

マツノギョウレツケムシ

虫はぴんと張った綱の上、
つまり歩くにつれて敷かれていく
絹の軌道の上しか歩かない。

毛虫の刺毛

マツノギョウレツケムシは、強烈な痛痒(いたがゆ)さを引き起こす。ファーブルは、まだ幼い息子ポールに手伝ってもらい、毛虫が引き起こす炎症の原因について考えた。棘々のある毛の構造によるものだろうか、それとも毒があるのだろうか。

ハリネズミケムシ

毛虫の多くは、どれも無害なのだけれど、毛むくじゃらの姿をしている。この毛を顕微鏡で見ると、棘のついた投げ槍のように見える。しかしその見かけにもかかわらず、まったく何でもないのである。そういう平和な毛虫を二種紹介しよう。

春の初め、小路を横切って、麦の穂が揺れるように猛烈な毛を波打たせて、もくもくと気味の悪い毛虫が歩いていくのが見られる。昔の博物学者は、素朴ではあるけれど比喩に富んだ名づけ方で、これを「ハリネズミケムシ」と呼んでいた。何ともぴったりの名前である。この毛虫は危険が迫ると、くるりと体を丸めて、ハリネズミと同じことをする。四方八方に針を向けて敵から身を守るのである。

背中には黒い毛と灰色の毛が混じってびっしりと生えており、体の脇と前のほうには鮮やかな赤褐色の、鬣（たてがみ）のような粗（あら）い毛がある。黒い毛も灰色の毛も赤褐色の毛も、すべてこれらの猛々（たけだけ）しい毛には強い棘々が植えられている。

誰でもこんな恐ろしい虫に指先を触れるのは躊躇（ちゅうちょ）するものである。ところが、私がやってみせると、今年七つになる小さなポールはそれに勇気を得て、軟らかな皮膚をしているにもかかわらず、ちっとも恐がらないで、まるでスミレの花でも摘（つ）むようにこの不気味な毛虫を鷲掴（わしづか）みにし、いくつもの採集箱をいっぱいにしてくれたのである。ポールはニレの葉を与えてこの毛虫を飼育し、毎日それに手を触れていた。なぜかというと、いまはこんなに恐ろしげな毛虫であるけれど、やがてこれが、見事なヒトリガになることを知っているからである。これは、ビロードのような緋色（ひいろ）の体に、後翅（こうし）は赤で、前翅（ぜんし）は白地に栗色の斑紋のあるガ（蛾（が））である。

子供がこの毛だらけの虫と親しくつきあった結果はどんなことになったか、といえば、彼の軟らかい皮膚に、痒みの兆（きざ）しさえも出なかったのである。年を取って厚くなった私の皮膚についてはいうまでもない。［…］

となると、むず痒さの原因は毛の棘以外にある、ということがはっきりする。棘のついた剛毛があれば必ず、それをいじった人の指が痛くなるというのであれば、毛虫の大部分は危険なものということになってしまう。というのは、毛虫のほとんどすべては棘のある毛を有するからである。

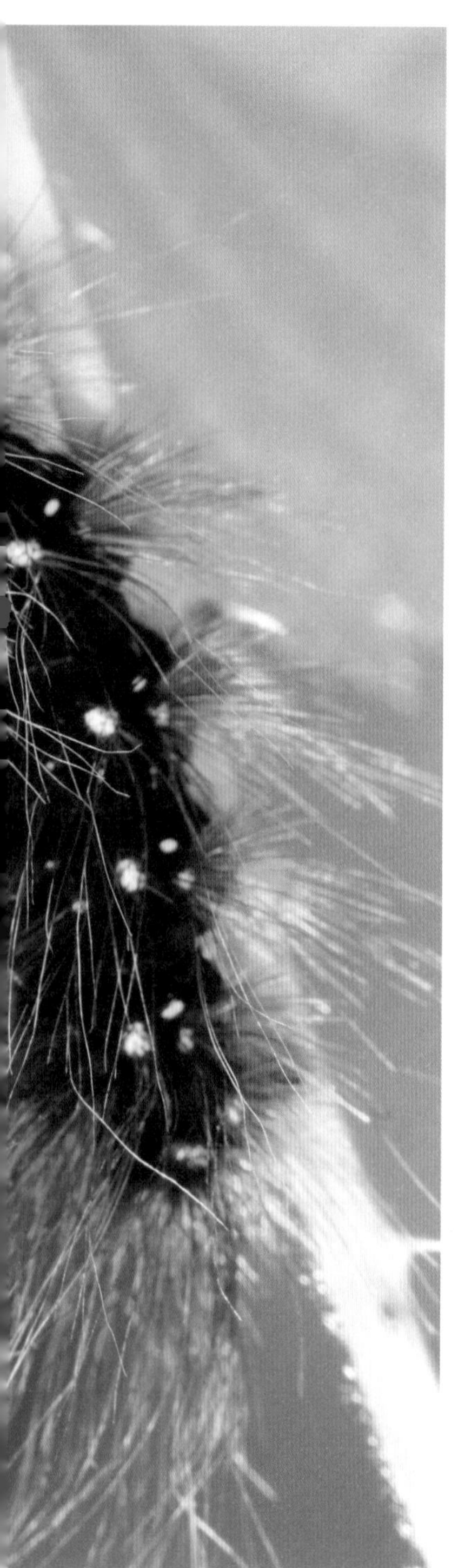

しかし実際はその反対で、痛みや痒みを引き起こすのはごく一部の毛虫に限られているのだが、その毛の構造からは無毒のものと区別できないのである。

これらの棘にひとつの役割があるということ、つまり、痒みの元になる極微の物質を我々の皮膚に注入し、その場所に固定するというのは、結局のところ、ありうることかもしれない。しかし、ずきずきするような痛みは、こんなに微小な銛(もり)のようなものに刺されただけでは絶対に起きないであろう。

第6巻23章より抜粋

毛虫（ヒトリガの幼虫）

手作りの衣装

ミノガは灰色を帯びた小型のガで、その幼虫であるミノムシは植物のくずを使って鞘を造る。翅をもたない雌が一生を過ごした鞘の中で幼虫たちは孵化し、その鞘を最初の材料にして自分の鞘を造っていく。

ミノムシ

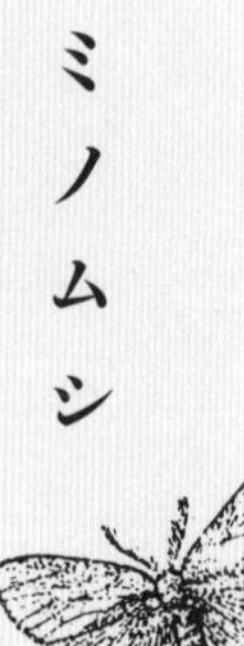

私は生まれたばかりの幼虫を何頭かガラス管の中に移して、ヒジリフタマタタンポポの枯れ茎からとった切れ端を裂いて与えてみた。[…]まったくためらうことなく彼らは真っ白な、素晴らしく上質の髄を掻き取り、生まれた家の残骸から得られるものよりずっと美しい頭巾を作ったのだ。[…]台所の箒（ほうき）から引き抜いたホウキモロコシの髄の輪切りを与えてみると、もっと素晴らしい結果が得られた。できた鞘には水晶のような点々がキラキラと輝き、まるで砂糖のかけらで作った物のように見えた。これはまさにミノムシ芸術の傑作である。

こんなふうに二回ほど実験に成功したので、私は原材料をすっかり変えてみてもいいのではないかと思った。[…] 身ぐるみ剥がれた虫に私は他の物は与えず、[…] 吸取り紙を与えてみた。

この場合にもやはり、ためらいなどというものはまったくない。幼虫たちは初めて見た材料を一所懸命削って紙の着物を作り上げたのだ。[…]

他のミノムシたちには、ガラス管の中に何も与えてやらなかった。しかし彼らには、このガラス管の栓(せん)となるコルクがあった。そしてそれだけで充分であったのだ。服を脱がされた幼虫たちは急いでコルクを削りはじめ、細かくして粒々の頭巾を作った。それは優美な、すっきりした形のもので、まるでこの虫は普段からこういう材料を使っているのではないかと思われるほどである。[…]

では、さらに一歩踏み込んで困難に挑むことにしよう。植物から掻き取った軟らかい綿や、ガの翅から集めた細かい鱗粉の代わりに、硬い石を与えてみるのである。[…]

そうはいっても、私は集めている石のうちから、このまだ体力がなく弱々しい虫にうまく見合った石を選んでやったのである。私は鱗片状(りんぺんじょう)の赤鉄鉱(せきてつこう)の標本をもっているのだが、これは筆でさっと掃(は)いただけでも、ガの翅に触ったとき指にくっつく鱗粉のような細かい粉が取れる。鋼(はがね)の鑢屑(やすりくず)のようにぴかぴか光っているこの材料を敷いた上に、裸にしたミノムシを四頭置いてみた。失敗を見越して実験に使う幼虫の数を増やしてみたわけだ。[…]

ところがその翌日、四頭のなかの一頭だけが鉄の着物を着ようと決心した。この幼虫の造った鞘は、複数の結晶面をもつ金属の宝冠(ほうかん)で、光に当たると虹色にきらきら輝くので

あった。これは豪奢で贅沢なものであるけれど、いかにも重く、扱いに困るのである。こんな金属の重荷を負っていたのでは歩くこともままならない。ビザンティン帝国の皇帝が荘重な儀式の際に、金糸を縫い込んだ式服を着てしずしずと歩むさまは、まさしくこのようであったろう。

第7巻22章より抜粋

ミノムシ

底なしの大食漢

85歳にしてなお働き続けていたファーブルが最後に研究したのは、オオモンシロチョウだった。ガの場合と同様に、ファーブルは特に幼虫に深い関心を寄せていた。完全変態をする大食漢という、幼虫の驚くべき生態のためである。

オオモンシロチョウ

幼虫は淡いオレンジ色で、粗い白い毛が生えている。頭部は黒光りしていて活発によく動く。[…] まもなく脱皮をして、衣裳が変わる。[…] それが終わると、今度は猛烈に食べはじめ、数週間のうちにキャベツは喰い荒らされて見るも無残な姿になる。何とすさまじい食欲だろう！　昼も夜もぶっとおしで働きつづけるとは、何という胃袋であろう！　これは食物が通過していくだけですぐさま消化されてしまう、大食らいの化学工場だ。私は釣鐘形の籠の中に飼っている幼虫たちの群れに、特に大きな葉を選んで束にして与えたのだが、二時間ほどすると、もう太い葉脈しか残っていなかった。しかも食物を補給してやるのがすこしでも遅れると、その葉脈でさえ喰いつくされてしまうのであった。[…]

食べて消化すること。チョウになるための栄養を貯えること、それがアオムシのたったひとつの仕事である。キャベツのアオムシは食べ飽きるということのない、猛烈な食欲でその仕事にはげんでいる。休むことなくもりもり齧り、休むことなく消化する――それがこの、全身これ消化管といってもいい虫の喜びなのである。幼虫たちはときどき体をぶるっと震わせることを除いては何の気晴らしもしない。この身ぶるいは何頭もの幼虫が頭と頭を突き合わせたり、腹と腹をくっつけ合って並びながら食べているときなどに起きると、特に奇妙な感じがする。どんなぐあいかと言うと、ときおり、隊列を組んでいる幼虫たち全員がびくんびくんと頭部を何度も突き上げたかと思うと、突然また下げるのだ。プロシアの軍隊式体操みたいなもので、全員が機械仕掛けのようにぎくしゃく動くのである。いったいこれは何だ、いつ何時襲ってくるか知れぬ敵に対する威嚇行動なのだろうか。それとも満腹してぽんぽんになった太鼓腹をここち良い太陽が温めてくれるゆえの歓喜の痙攣なのだろうか。恐れのしるしであるにせよ、喜びのしるしであるにせよこれは、充分に肥育されるまでのあいだに、キャベツの食卓を囲んでいる幼虫どもに許された、ただひとつの運動である。

一か月ほどのあいだ食べ続けたのち、飼育籠の中の私の幼虫たちの、あの旺盛な食欲はおさまってきた。連中は四方八方へと網目をよじ登っていき、体の前半を持ち上げて前の方を探りながら、あてどもなく歩きまわる。頭を振り、あちらこちらに糸を吐きながら進んでいく。[…]

各自がまず、自分の身のまわりに籠の命綱を支えとして、白い絹の薄い敷物を貼りつける。これが、蛹化するときの困難で繊細（デリケート）な作業の際に足元を支える土台となるはずなのだ。幼虫はこの台座の上に絹のクッションを用いて尾端を固定させる。それから背中の、肩の下のほうを通って左右両側の敷物に結びつけた紐帯で前半身を固定させる。こんなふうに三点を固定し、そこをよりどころとして幼虫は、いわば一度宙に浮いて古い皮を脱ぎすて、蛹になるのである。

第10巻24章より抜粋

蛹から羽化したばかりのオオモンシロチョウ

食べて消化すること。
チョウになるための栄養を貯えること、
それがアオムシの
たったひとつの仕事である。

オオモンシロチョウの卵

カマキリと
その他の狩人

MANTE RELIGIEUSE ET
AUTRES CHASSEURS

カマキリ — オサムシ — ゴミムシ

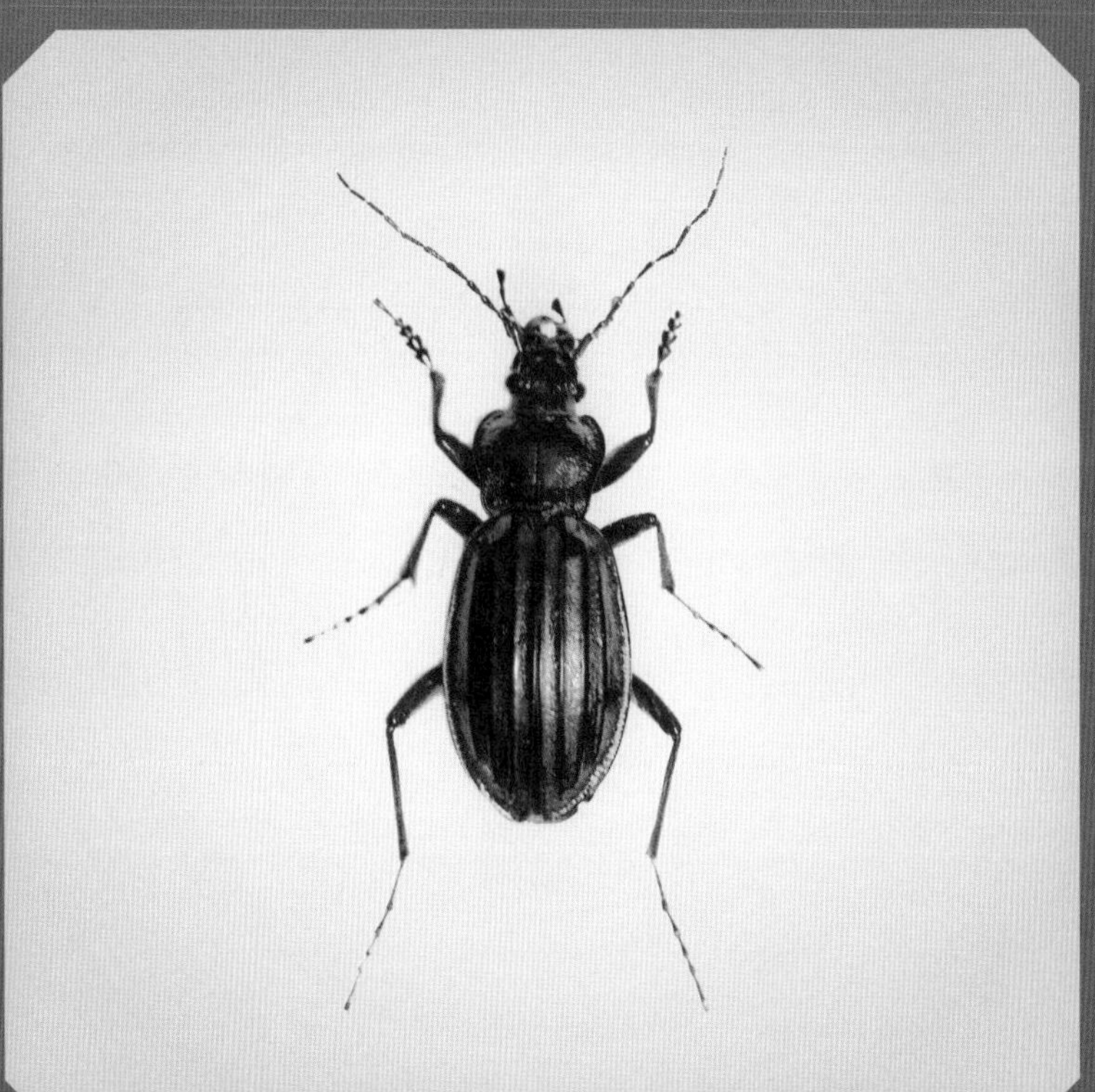

Carabus sp.

Carabus sp.

動物のとるどんな行動も、昆虫に例を見出すことができる。ある虫はベジタリアンで、特定の植物の、特定の部分だけを食べる専門家だ。あるいは、自分より小さな生き物を餌にする肉食性の虫もいる。また、糞や死骸などを糧とする虫もいる。さらに、さまざまな生き物を宿主として食い物にする、寄生者もいる。肉食性の昆虫はふつう選り好みせず、自分の命を危険に晒すことなく捕獲できるものならどんな獲物でも受けつける。こういう柔軟性から共食いに向かうことも少なくない。伴侶であろうと子であろうと、体の大きい者が小さい者を食らうのだ。また、肉食性の昆虫には専門家か、少なくとも好物がはっきりしているものもいる。例えば、ギョウレツケムシを専門に狩るカタビロオサムシのように、オサムシの仲間には毛虫だけを狩るものがいる。自然の力をことごとく自らの利益に変えることに秀でた人間たちが、農作物に被害を与える害虫の繁殖を抑えることができるのも、こういう専門家の虫たちのおかげなのである。

見せかけの信心

カマキリははるかな昔から、素朴な人々の目を欺いてきた。祈りを捧げているように見せかけて、実は、昆虫の世界で最悪の肉食獣なのである。カマキリの雌はサソリよりも貪欲で、複数の雄を次々に平らげることがある。悲しいことに、時として自然は残酷なのだ。

カマキリ

カマキリは、これもまた南フランスの虫である。興味深さの点では少なくともセミに劣らない［…］この地方では lou Prégo-Diéu（ルウ・プレゴ・ディエウ）と呼ばれている。それは〝神を拝む虫〟という意味であるが、この虫の正式の名はフランス語では「敬虔（けいけん）な巫女（みこ）」という意味の Mante religieuse（マント・ルリジュウズ）［…］である。科学用語と農民の素朴な言葉とが、この虫の場合は一致していて、どちらもこの奇怪な虫を、神託を告げる巫女、神秘的な陶酔にひたる女の苦行者としているのである。

カマキリをそのようになぞらえることは、はるかな昔に起源をもつ。すでにギリシア人がこの虫を μάντις（マンティス）つまり占い師、あるいは予言者と呼んでいた。

畑で働く人は、譬（たと）え話（ばなし）をするとき、煩（うるさ）いことは言わないものだ。何となく外見がそれらしい趣きを備えていれば、いくらでもつけ足し、補っていく。彼は太陽に灼（や）かれた草の葉の上に、おごそかに半身を起こした見事な虫を見つけたのである。

その虫が、ゆったりとした薄い緑色の翅（はね）を、長い亜麻のヴェールの裾（すそ）を引くようにしているのを彼は見た。そしてまるで人の腕のような前肢（ぜんし）を天に向け、祈るような姿勢でいるのに気付いたのである。これでもう充分であった。民衆の想像力が残りを補った。それで

カマキリの子ども

古代から、草むらの中に、神託をうかがう巫女、祈りを捧げる尼僧が住むことになったのである。

ああ、子供っぽい素朴さをもった善良な人々よ、何という間違いを、あなた方は犯しておられることか！

この虫の祈りを捧げるような姿勢のなかには、恐ろしい習性が隠されている。慈悲を乞うように体の前で揃えられた両腕は、恐るべき強奪の武器なのだ。それは数珠をつまぐるどころか、手のとどく範囲を通りすぎる者を殺し尽くすのである。[…] カマキリは、[…] 生きた獲物だけを食べて暮らしているのである。これは平和な昆虫の世界の虎であり、草むらで待ち伏せをして、生肉の貢ぎ物をとりたてる人食い鬼なのである。

もしこの虫がものすごい力をもっていたら、その食欲の貪婪さと、恐ろしい完璧な罠とによって、野の恐怖となるであろう。〝拝み虫〟が世にも恐ろしい吸血鬼となるのだ。

凶器の鎌を別にすれば、カマキリには、不穏なようすは少しもない。体はほっそりとして、腰つきも優雅、色は薄緑で、長い翅は紗でできているよう。この虫は気品さえただよわせている。

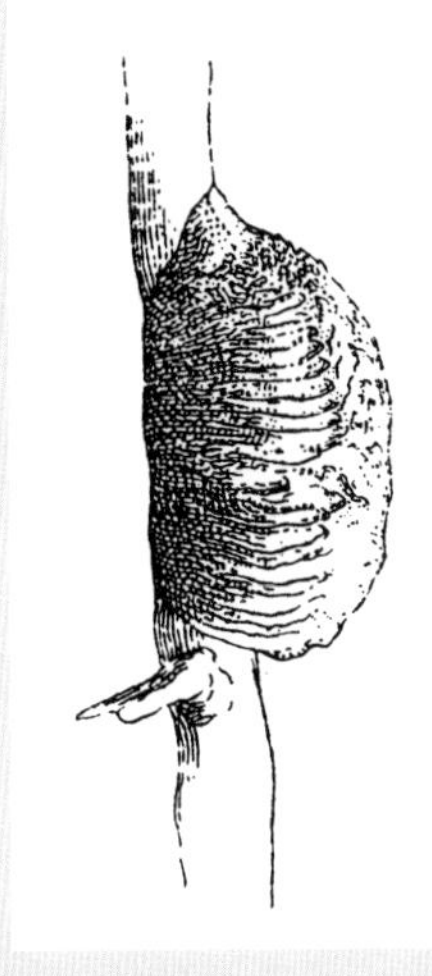

カマキリの卵嚢

その口にしても、他の肉食の虫のような、ぐわっと鋏のように開いた大顎ではない。それどころか、物をついばんで食べるような、尖（とが）った小さなおちょぼ口である。
胸部からはっきり分かれている自由自在の頸（くび）のおかげで、顔はくるりと後ろを振り向くことができ、右にも左にも、上にも下にも向けることができる。昆虫のなかで唯一、カマキリは視線を好きな方向に向けることができるのである。カマキリは、じろじろ細かく見つめ、値ぶみをする。ほとんど表情があるといってもいいくらいだ。［…］

そろそろ八月の終わりである。すらりとした恋する雄は、いまこそ恋の季節だと思い、力強い自分の相手に流し目を送るのである。頭部を雌のほうに向け、首を折り曲げ、ぐっと胸を反（そ）らす。小さな尖（とが）った顔はまるで、情熱に燃えているようにさえ見える。

この姿勢のままじっと動かず、雄は長いこと想う相手を見つめている。雌は身動きもしない。なんだか無関心のようである。雄は、しかし、承諾の印（しるし）と受けとったらしい。もっとも私には、何がその印なのか謎である。雄は近づいていく。突然、彼は翅（はね）を広げ、痙攣（けいれん）したようにぶるぶる震わせる。これが恋の宣言なのだ。痩（や）せぎすの雄は肥満した雌の背中に飛び乗る。必死になってしがみつき、釣り合い（バランス）をとる。この序盤戦はいつも長引く。そしてとうとう交尾が成立するのだが、これもやはり長く、場合によっては五、六時間も続くのである。

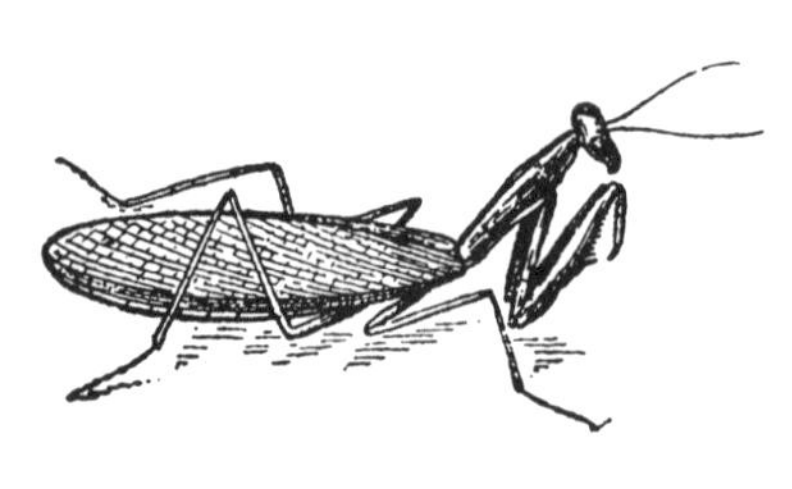

二頭がじっとしているときには注目すべきことは特にない。最後に二頭は離れるが、そのあとで、もっとずっと密接なかたちで合体することになる。つまり、かわいそうな雄は、自分の卵巣に生命を注入するものとしてこの美女から愛されるが、同時にまた素晴らしく美味な餌食(えじき)としても愛されるのである。

実際、その日のうちに、遅くともその翌日に、雄は自分の伴侶によって捕えられ、雌は定石(じょうせき)どおり首筋から齧りはじめ、順序正しく少しずつ食べていって、翅だけを残すのである。[…]

受精したばかりの雌が、二頭目の雄をどう扱うか、私は知りたくなったが、調べてみた結果、それは何ともけしからぬものであった。カマキリはたいていの場合、抱擁と、結婚の宴会をいくら繰り返しても倦(あ)きるということがないのだ。

交尾のあと、休息の時間はまちまちだが、産卵が終わっていてもいなくても、二頭目の雄が迎えられ、第一の雄同様むさぼり食われてしまう。三頭目の雄がそれに続き、務めを果たすと食われてしまう。第四の雄も同じ目にあう。二週間のあいだに、私は同じ雌のカマキリが、こうして七頭の雄を食べてしまうのを見た。彼女はすべての雄に身を許し、結婚のよろこびの代償として命を支払わせたのである。

第5巻18章と19章より抜粋

昆虫のなかで唯一、カマキリは視線を
好きな方向に向けることができるのである。
カマキリは、じろじろ細かく見つめ、値ぶみをする。
ほとんど表情があるといってもいいくらいだ。

枝にぶら下がるカマキリ

獰猛な庭師

キンイロオサムシは肉食性の飛べない甲虫だ。一昔前までは庭でよく見られたので、庭師(ジャルディニエ)と呼ばれている。餌とするのはイモムシやカタツムリや他の昆虫だ。近縁種のカタビロオサムシは飛ぶことができ、樹木の葉を訪れてギョウレツケムシなどガの幼虫を狩る。

オサムシ

身を守るための殻を私が壊してやったカタツムリをむさぼり食らうなどということは、この好戦的な虫にとって少しも自慢になることではない。オサムシの大胆さは次のようなときにこそ、発揮されるのだ。

何日間か断食(だんじき)させて空腹にしておいたこの庭師、つまりキンイロオサムシに、元気一杯のマツノヒゲコガネを与えてみる。これはキンイロオサムシに比べれば巨人と言うべきで、まるで狼(おおかみ)対牡牛(おうし)のようなものである。

肉食の虫は、おとなしいこのヒゲコガネのまわりをうろつきながら機会を窺(うかが)っている。オサムシは躍(おど)りかかろうとしてはためらって引き下がり、また攻撃の姿勢をとる。とうとう巨人が引き倒された。もう止めようもない。オサムシはヒゲコガネに噛みつき、腹の中に首を突っ込む。もしこれがもっと高等な動物の世界に起こったとしたら、オサムシが巨大なヒゲコガネの体内に半分もぐりこんではらわたを引きずり出しているようすは、鳥肌が立つような光景であろう。

はらわたを食い破るオサムシにもっと手強(てごわ)い獲物を与えてみよう。その獲物とはオウシュウサイカブトである。これは一本角の頑丈な甲虫で、鎧甲(よろいかぶと)に身を固めた天下無敵の巨人といったところだ。

だがしかし、狩人のほうは甲冑(かっちゅう)を身につけた虫の弱点を知っている。それは翅鞘の下の柔らかい皮膚である。オサムシが攻撃すると、カブトムシはすぐさまこれを撃退するけれど、そんなふうに何度も攻撃を加えていれば、そのうちにオサムシは硬い翅鞘を少し持ち上げ、中に首を突っ込むことに成功するのだ。軟らかい背中の皮膚にオサムシの鋏(やっとこ)のような大腮が食らいついたら、それがサイカブトの最期である。あっというまに、巨大な甲虫は無残にも中身のうつろな殻にされてしまう。

さらに恐ろしい闘いが見たければ、フランス産の肉食昆虫のなかでももっとも美しく、その出立(いでだ)ちにおいても大きさにおいても実に堂々たるニジカタビロオサムシを連れてくるとよいであろう。このオサムシの王者は、イモムシや毛虫を片端から殺してしまう。尻の力のもっとも強い毛虫でさえ、カタビロオサムシを尻ごみさせたりすることはないのである。

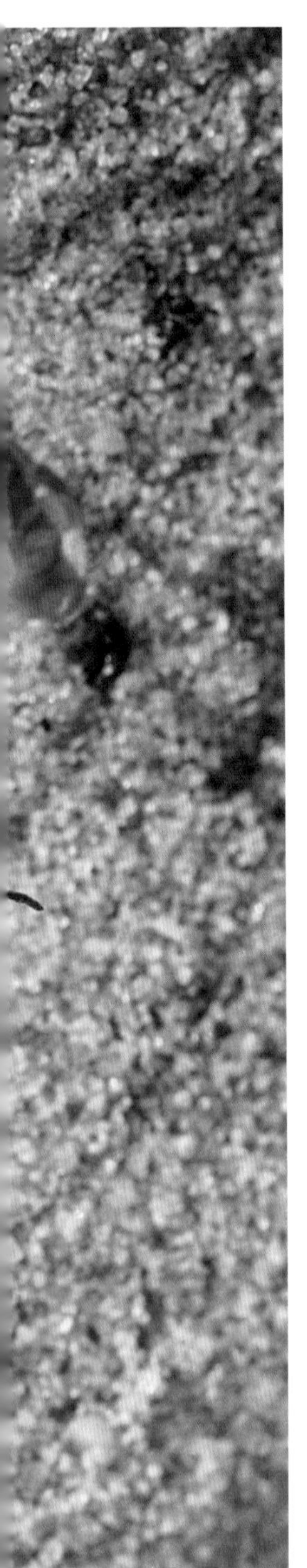

この虫がオオクジャクヤママユの巨大な幼虫をやっつけるところは、一度見ておく価値がある。しかしこんな残酷な場面は一度見ればもう嫌になる。腹を噛み破られたイモムシは、いきなり腰をぶるっと震わせてオサムシを空中に持ち上げ、どすんと下に落とし、上になったり下になったりしてどたんばたんやるのだけれど、どうやっても振り放すことができない。緑色をした内臓が地面にしたたり落ち、イモムシは息もたえだえになる。殺戮に酔ったオサムシは、喜びに身を震わせながら、無残な傷口から血をすすっている——大雑把に言えばこれが両者の闘いのありさまである。昆虫学をやっているとこんな場面ばかり見せられることになる、というのであったら、私は何の悔いもなく昆虫なんか見捨ててしまったことであろう。

第7巻1章より抜粋

「肉食の虫は、おとなしい
このヒゲコガネのまわりをうろつきながら
機会を窺(うかが)っている」
── ジャン＝アンリ・ファーブル

キンイロオサムシ

このオサムシの王者は、
イモムシや毛虫を
片端から殺してしまう。

毛虫を食らうニジカタビロオサムシ

死の漏斗(じょうご)

ゴミムシはオサムシの近縁種である。砂地を特に好み、いまでも地中海の浜辺でよく見られる。ゴミムシは獰猛な肉食昆虫で、オサムシのように獲物を追いかけて狩るのではなく、罠を仕掛けた巣穴に餌食を引きずり込む。

> **ゴミムシ**
>
> 漆黒の黒玉(ジェット)で造った宝飾品のように全身黒色に輝き、胸と腹のあいだが極端にくびれて体が二つに分かれている。攻撃の武器はとてつもなく強力な[…]一対の大腮(おおあご)である。[…]テーブルの上でちょっと突ついてやると、こいつはさっと身構えるのだ。そして短い肢、特に土を掘る鋤(すき)のような歯のついた前肢(ぜんし)を踏ん張って、体を二つ折りにするように身を反(そ)っくり返(かえ)らせる。胸の後ろできゅっと体を締めているくびれのおかげで、こんな芸当ができるのだ。虫はえらそうに上半身、つまりハート形をした広い前胸部と大きな頭部とを持ち上げ、鋏のような大腮を威嚇(いかく)するようにぐわっと開くのである。するといかにも恐ろしげになる。この虫がやるのはそれだけではない。大胆にも私が突っついた指に噛みつこ

うとするのだ。[…]

この虫は砂浜に巣穴を掘って住む。充分な長さに達するまで坑道を掘ると、オオヒョウタンゴミムシは入口のところに戻り、そこをほかの場所よりもずっと丁寧に仕上げる。入口の部分を漏斗形にして、中に落ちたものが滑り落ちる傾斜をつけるのだ。[…]この火口のような入口の底から先には斜めの坑道が続いており、ここに崩れ落ちてくる砂はすべてきれいに取り除かれている。[…]猟師の虫は、斜めの坑道の底から先に続くこの水平な坑道の始まる玄関のところで、鋏を半開きにしてじっとしている。そこで獲物を待ち構えているわけだ。

上の方でガサガサ音がする。私が入れてやった豪勢なセミの餌だ。うたた寝をしていた猟師はたちまち目を覚まし、触鬚をうごめかす。それは獲物を欲してびりびりしている。用心しながら一歩また一歩と、ヒョウタンゴミムシは斜面を登っていく。そして外をちらと見る。セミが見えた。

オオヒョウタンゴミムシは坑道から躍り出て獲物のほうに駆けつけ、セミを捕らえると後ずさりに引きずっていく。闘いは罠のような入口の構造のおかげで、あっという間に終わってしまう。入口は大きな獲物でも入るように漏斗形に大きく口を開いているが、いき

なりすとんと狭くなって、足場がさらさら崩れ、獲物がどんなに抗って（あらが）もどうにも身動きがとれないようになっているからだ。破滅への急傾斜とでも言おうか。そこに足を踏み入れた者は、もはや死を免れないのである。

セミは頭から真っ逆さまに深い穴の中に潜っていく。人さらいの虫が、ぐいぐい引き込んでいくのだ。[…]すると隙間も何もないので翅をぶるぶる震わすことさえ止められてしまう。[…]それから少しのあいだオオヒョウタンゴミムシは、獲物が逃げ出さないよう、動きが止まるまで、とことん牙（きば）で嚙みつくのだ。そのあとで、この肉置き場と化した巣の入口までまた登っていく。[…]そういうわけで、邪魔な客が入ってこないように戸が閉められる。つまりオオヒョウタンゴミムシは地下室の入口を、もぐら塚のように盛り上げておいた残土で塞（ふさ）いでしまうのである。こんな用心をしてから、虫は下に降りて食べはじめる。

第7巻1章より抜粋

オオヒョウタンゴミムシ

本能の知性

INTELLIGENCE
DE L'INSTINCT

ゴボウゾウムシ — アナバチの鋭い目 — トビケラの幼虫
ヌリハナバチと寄生者 — 過変態

Sphex sp.

Sphex sp.

おそらく極地域の最も寒冷な地帯をのぞいて、昆虫はいたるところに住んでいるといえるだろう。虫たちはありとあらゆる環境に適応しているが、もっぱら専門化が進んでいる。例えば、食植性昆虫の多くはただ一種類の植物だけを餌とする。特定の科に属する植物だけ、という場合もあれば、種まで限られている場合もある。また、肉食性昆虫では食料がそれほど限定されていないものの、特定のグループに属する虫だけを襲うものがいる。特に寄生種のグループでは専門化が最も進んでいる。例えば、ある種の狩りバチはクモだけを狩り、獲物を麻痺させて幼虫の餌にする。ツチスガリ属の狩りバチは甲虫だけ、しかも多くの場合、特定の科に属する甲虫だけを狩る。英語で「bee wolf（ミツバチのオオカミ）」といわれるミツバチハナスガリは、飼育種のミツバチだけを狩る。いったい、捕食者はどうやって獲物を見分けるのだろう。狩人は獲物の性別を見分けることさえできるのだ。ある種の甲虫はカッコウのように托卵し、自分の幼虫を他の種の虫に育てさせるが、仮親に受け入れさせることは容易ではない。そこで、幼虫期に著しく異なる姿に次々と変態するという、複雑な戦略を発達させた。このプロセスを記述したのはファーブルが初めてで、彼はこれを「過変態」と命名した。

植物学のプロ

3種のゴボウゾウムシは、卵を産みつける花がアザミだけに限られている。植物学に通じた人でなければ同じグループに分類できないほど、姿形が違ったアザミでも、この虫たちは同じアザミの仲間だと見分けることができるのだ。

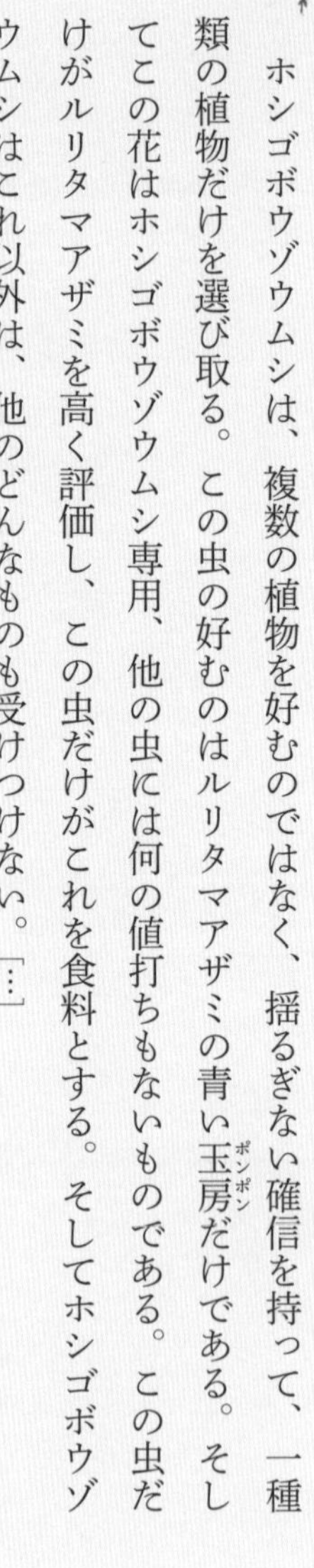

ゴボウゾウムシ

ホシゴボウゾウムシは、複数の植物を好むのではなく、揺るぎない確信を持って、一種類の植物だけを選び取る。この虫の好むのはルリタマアザミの青い玉房（ポンポン）だけである。そしてこの花はホシゴボウゾウムシ専用、他の虫には何の値打ちもないものである。この虫だけがルリタマアザミを高く評価し、この虫だけがこれを食料とする。そしてホシゴボウゾウムシはこれ以外は、他のどんなものも受けつけない。［…］

二番目のゴボウゾウムシの仲間、クマゴボウゾウムシとなると、花の好みに多少の幅がある。私はこの虫が二種の花につくことを知っている。すなわち、平地に生える繖房花序（さんぼうかじょ）のチャボアザミと、ヴァントゥー山の中腹に生えるハアザミのような葉をもつアカンサスチャボアザミとである。植物の姿をざっと見るだけで、花を細かく観察しない人にとっては、これら二種の植物には少しも共通したところがない。野良（のら）で働く人たちは実に鋭く草の種類を見分けるものだが、そういう人でも、これら二種を同じ仲間だとは思っていない。都会の教育を受けた人はどうかと言えば、植物学者でもなければ、これらが近い仲間で

あることを見破るのはとても無理、そんなことは論外であろう。

たくさんの小花を冠のように戴いたチャボアザミは、茎がすらりと細く、葉の数も少なくて、まばらについているだけである。小さい花が束になって咲くが、花頭の部分はドングリの半分ぐらいしかない。

一方、アカンサスチャボアザミのほうは、地面すれすれに、猛々しい棘のついた幅の広い葉を放射状に並べていて、その葉の切れ込みのゆえに、なんとなくコリント式円柱の頭部の飾りに似て見える。茎はないに等しい。葉が籠のようになっているその中央に、花はただ一個しか

好みのアザミにとまるゴボウゾウムシ

ないのだが、それが巨大で、人の拳ほどもあるのだ。［…］クマゴボウゾウムシは植物採集家として鋭い目をもっているということである。この虫は、チャボアザミとアカンサスチャボアザミという、姿形の似ても似つかぬ二種のチャボアザミを、ともに幼虫の食物であるとすぐに認めるわけだが、それは人間なら、専門家でもないかぎり、とても同じ仲間には入れられないようなものなのだ。虫は、葉を丸く放射状に、直径五〇センチも広げている豪勢なアザミと、ひょろりと立っている貧相なアザミとを、植物学的にほとんど同じものだと認識するのだ。

オウシュウゴボウゾウムシは、食餌植物の範囲をさらに広げている。花頭の白いセイタカオニゴロシアザミがないとき、この虫はもうひとつの恐るべき植物を選んでいる。薔薇色の花頭をもつ、アメリカオニアザミである。花の色なんか違っていても、躊躇することはない。［…］

微妙な味のわかるこの食通の虫には、もっと凄いことができる。見かけとか葉の形とか香りとか色彩とかには関係なく、道端で埃まみれになっている、黄色く見すぼらしい花をつけたアレチベニバナを、さかんに食害するのだ。こんな味気ない醜い花がアザミの仲間だと見破るためには、植物学者か、さもなければこのゾウムシにでもなる必要があるということになる。

第7巻7章より抜粋

「ホシゴボウゾウムシは、
複数の植物を好むのではなく、
揺るぎない確信を持って、
一種類の植物だけを選び取る」
―― ジャン＝アンリ・ファーブル

ゴボウゾウムシの仲間 *Larinus flavescens*

実験の誤り

ラングドックアナバチは大型の狩りバチで、コバネギスという、翅をもたないでっぷりしたキリギリスを専門に狩る。当時まだ駆け出しの研究者だったファーブルは、狩りバチが針を使って獲物に麻酔をかける瞬間を観察しようとして、誤りを犯してしまう。アナバチに雄のコバネギスを与えたのだが、実は、このアナバチが狩るのは雌だけだったのだ。

アナバチの鋭い目

この瞬間こそがチャンスなのである。ハチの獲物を生きた別のものとすり代えて、狩人が剣の一撃を加える場面を見せてもらえる唯一の、そして絶好の機会なのである。〔…〕急がなければならない。時間は限られているのだ。〔…〕何をおいても一頭のコバネギスが必要だった。それも今すぐに。〔…〕一度だけコバネギスが採れたことがある。私は狂喜した〔…〕間に合いさえすれば。アナバチがまだその獲物を運んでいる途中でありさえすれば——ありがたい！　何もかもうまくいった。ハチはまだ巣穴までだいぶ離れたところにいて、相変わらず獲物を引きずっている。〔…〕私は鋏(はさみ)を使って手早く、引き綱になっているコバネギスの長い触角をちょきんと切った。アナバチは［…］引っぱっている荷物が急に軽くなったので、驚いて立ち止まる。この荷物は、いまでは私の悪だくみで切り離されて、触角だけになってしまっている。荷物本体の、重い、腹の太った昆虫は、あとにとり残されて、私が摑まえてきた生きたやつとただちに取り替えられている。

ハチはくるっと向きなおり、何もついていない綱はすてて、後戻りをする。いまやハチは、自分のものとすり替えられた獲物と向かいあっている。［…］ハチはコバネギスから距離をとっていて、それを摑まえようとする気配を示さないのである。私はけしかけるために、指先でコバネギスをつまんでハチの鼻先に出してやり、その触角をハチの大腮の下に持っていく。［…］だがこれはどういうことだろう。アナバチは私のさしだすものをまるで相手にせず、目の前に出されたものにくらいつくどころか、後じさりするのだ。コバネギスを再び地面に置いてみる。すると今度はこの虫が、危険が待つとも知らないで、軽率にも、まっすぐ殺し屋に向かっていく。

やったぞ――いや、やっぱりだめだった。アナバチは後退しつづける。まったくの意気地なしである。そうしてとうとう飛んでいってしまい、それきり二度と

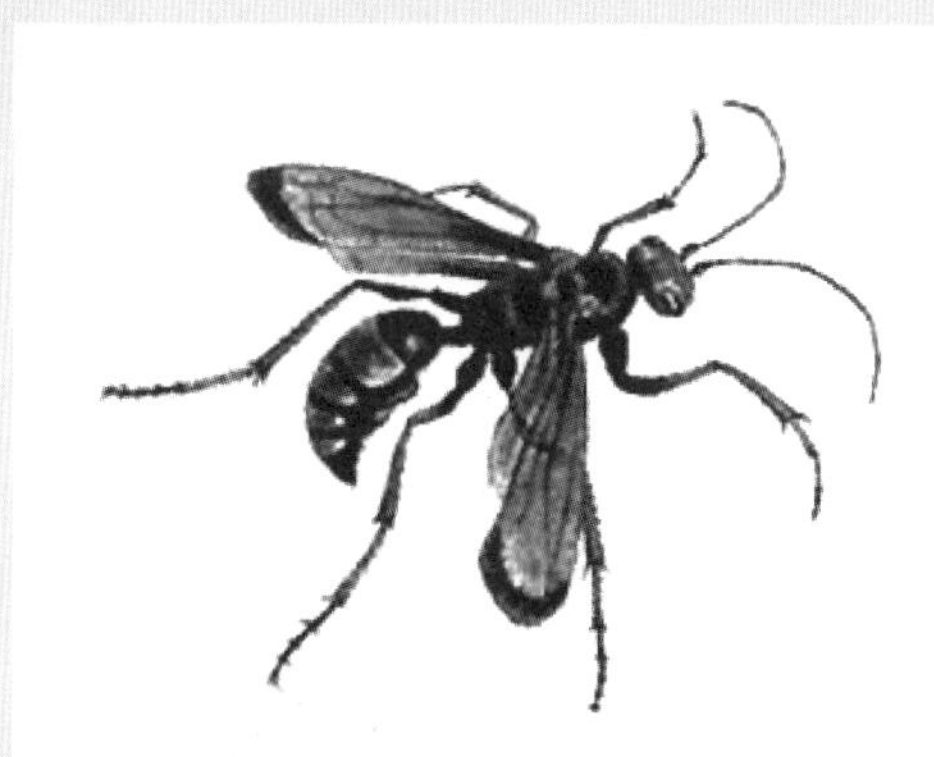

戻ってこなかった。[…]

その後、もっとたくさんの巣穴を見ていくにつれて、少しずつ、失敗の原因もわかり、ラングドックアナバチがあれほど頑(かたく)なに、私のさしだした獲物を拒んだ理由に納得がいくようになってきた。食料として蓄えられているのを見ると、一つの例外もなしに雌のコバネギスで、量はたっぷり、汁気も多い卵巣を腹にもっている。[…] ところがブドウ畑のなかを速足に歩きまわって、私は違う性のコバネギスを摑まえたのであった。私がアナバチに与えたのは雄だった。食物という大切な問題に関して、私より目の効くハチは、私の摑まえた獲物なんか欲しくなかったのである。[…] 雌の柔らかい肉と、雄のもっと固い肉とを見分けることのできる、この敏感な食通の感覚はなんとすごいものだろう。形態も色彩も同じような、雌と雄とをただちに見分けるとは、なんと確かな目をもっているのであろう。しいていえば、雌は土のなかに卵を埋めるための剣(サーベル)のような産卵管を、腹の先にもっている。これが外見から雌と雄を区別するたった一つの特徴である。そうして雌雄で異なるこの特徴を、目の鋭いアナバチはけっして見逃すことがない。

第1巻11章より抜粋

赤い肢のキバネアナバチ

ハチはくるっと向きなおり、
何もついていない綱はすてて、
後戻りをする。

黒い肢のキバネアナバチ

防御性に優れた鞘

ファーブルは獰猛なゲンゴロウ（鞘翅目）とトビケラ（毛翅目）の幼虫とを水槽に同居させてしまった。トビケラの幼虫は、ミノムシと同じような鞘を造って身を守る。この鞘のおかげで、少なくとも一時的には、肉食獣の目を欺くことができたのだった。

トビケラの幼虫

初めのうち、ガラスの水槽にはゲンゴロウが一ダースばかり飼われていた。この虫の潜水のしかたは非常に面白い。ある日、ほかに場所もなかったので、私は何げなく、トビケラの幼虫をふた掴みほどその中に入れてしまった。うっかりしたにせよ、私はなんということをしてしまったのだろう！　岩の窪みに潜んでいた海賊の虫どもは、たちまち上からすーっと沈んでくる御馳走（ごちそう）を見つけたのだ。

ゲンゴロウたちは、オールのような肢でぐんぐん水を掻きながら上に昇ってきて、大工仕事をする虫たちに襲いかかった。強盗たちは、それぞれ鞘の真ん中を掴み、せっせと貝殻や小枝をむしって穴を開けようとしている。中に入っている旨（うま）い虫を取り出して食ってやろうと、ゲンゴロウが恐ろしい作業を続けているあいだに、追いつめられた幼虫は鞘の入り口から顔を出し、するりと外に脱出して敵から逃れてしまう。ゲンゴロウのほうは、これに気がつかないようである。

この第7巻1章の一行目、ヒョウタンゴミムシの冒頭に述べたように、殺戮の仕事に知性はいらない。トビケラの鞘を破壊するこの乱暴な虫は、白いソーセージのような旨そうな幼虫が肝をつぶして自分の肢のあいだを擦り抜け、牙の下を潜り抜け逃げていくのに気がつかない。ゲンゴロウは巣の屋根を剥がし、絹の裏地を引き裂こうと作業を続けている。ところが、穴が開いてみると、期待していた獲物が見つからないのでがっかりするのだ。

馬鹿な、哀れむべき虫よ！　追いつめられたトビケラの幼虫たちは、おまえの目の前を

巻き貝の殻を鞘に使うトビケラの幼虫

逃げていったばかりではないか！　それなのにおまえは気がつかなかったのだ。トビケラたちは水の底に沈んでいき、石のあいだに身を隠したのだ。もしこんなことが広い沼の中で起きたのであったら、さっと鞘から出てしまうこの方法によって、恐怖に駆られたトビケラたちの大多数のものが危険を免れることができたのは明白である。身を隠して危険を乗りきり、激しい衝撃から回復すると、幼虫たちは鞘をもう一度造り、一件落着ということになる。そしてまた敵に襲われると、同じ手を使って相手を欺くのだ。

私の狭い水槽の中では、事態はより深刻であった。鞘に穴が開けられ、逃げ遅れた幼虫たちが食われてしまうと、ゲンゴロウは底の石のあたりに戻っていく。そしてそこで、結局のところ悲劇が起きるのだ。逃げていた丸裸の幼虫たちは見つかってしまい、旨そうな肉の塊はあっという間に引きちぎられ食われてしまう。二十四時間のうちに私のトビケラの群れは全滅してしまった。

第7巻20章より抜粋

ゲンゴロウの幼虫

ガラスの水槽にはゲンゴロウが
一ダースばかり飼われていた。
この虫の潜水のしかたは非常に面白い。

オウサマゲンゴロウモドキ

忌むべき運命

ヌリハナバチは巣に食料をたっぷり蓄え、そこに卵を産む。ところが、なんたることか！10種ほどの寄生者が食料を強奪し、幼虫を殺戮するのだ。ファーブル自身、幼い子供を何人も亡くして人生の辛酸を嘗めてきたので、自分自身も含め、自然の世界で犠牲になるあらゆるもののために、残虐な運命に対する憤りを抑えることができない。

ヌリハナバチと寄生者

他人の財産の略奪者や、情容赦もなく労働者を亡ぼそうとする強盗どもについて、詳しく例をあげて説明するのに、カベヌリハナバチの災難の物語以上にぴったりのものをなかなか見つけることはできないだろう。河岸の丸石に巣を造るこのヌリハナバチは、勤勉な労働者であることを誇ってよい。五月いっぱい、カベヌリハナバチが、日のカンカン照るなか、真っ黒にたかって、近くの道路から、漆喰（しっくい）を大腮（おおあご）で削り取っているのが見られる。ハチどもはひどく熱心に仕事をしているので、人が歩いてきてもめったに逃げたりはしない。なかにはそのまま踏みつぶされてしまう者もいる。それほど連中は石の粉の採掘に没

頭しているのだ。

道路のいちばん硬く、いちばんかちかちに乾いたところ、そして道路管理官の重いローラーに圧(お)しつぶされたときのまま、まだかっちりと硬さを保っているところが、ヌリハナバチたちの好みの鉱脈なのだ。だから石灰石の粉をほんの少しずつ掻(か)き集めて丸い団子を作るのはひどく骨が折れる。削(けず)り屑(くず)をすぐに唾で練り合わせて漆喰にするのだ。よく練りあげて充分な大きさの団子にすると、ヌリハナバチは数百歩ほどのところにある自分の丸石まで、猛烈な速度で真っ直ぐに飛んでいく。

新鮮な漆喰で、ハチは小さな塔の形をした巣の基礎の部分を盛りあげたり、砂粒を切石のように用いて壁の中に埋め込んで、巣の強度を増したりして、すぐに使い切ってしまう。このセメント採りの行ったり来たりは、巣の壁が一定の高さに達するまで繰り返される。いっときも休むことなく、ハチは何度でも採掘の現場までもどって来る。そこはいつも同じ場所であって、ここのセメントがいちばん上等と認められたのだ。

さてこんどは蜜と花粉の食料を蓄えなければならない。[…] 嗉嚢(そのう)は蜜でいっぱいにふくらみ、腹部は花粉だらけになる。巣には少しずつ食料がたまっていくが、巣に戻ったかと思うと、たちまちまた蜜採集の場所に飛んでいく。

こうして一日中、日差しがあまり低くならないかぎり、カベヌリハナバチは疲れたようすも見せずに同じ行動を繰り返す。夕方になると、巣をまだ閉じていないときであると、ハチは小部屋のなかにひきこもり、そこで夜を過ごす。頭を下にして、尻を外に出している［…］。

このときだけ、カベヌリハナバチは休みをとるのだが、この休憩もまた、ある意味では仕事のようなものなのだ。というのは、こうやって頭を突っこんで、ハチは蜜の入っている巣の入口を塞ぎ、夕暮れから夜にかけて出没する泥棒から自分の宝を守っているからである。［…］

一つの巣全体にはだいたい十五個ぐらいの小部屋がある。そのうえ、小部屋の上部全体には、指の幅ぐらいの厚さは充分にある、漆喰の層がかぶせられているのである。

この厚い防護壁は、巣のほかの部分に比べれば造りが粗いけれど、

カンボクヌリハナバチの巣

材料をずっと大量に必要とするので、これを造るだけでも、巣造り全体の労働量の半分に相当するであろう。［…］だから、これほどの労働のために疲れ切って、ものかげに引きこもり、ひとり衰弱して死ぬときには、このけなげなハチは、こんなふうにつぶやくことであろうか――「私はよく働いた。義務は果たしたのだ」と。［…］幼虫の将来のために、ハチは惜しむことなく、五週間から六週間にもわたる長い生涯を費やした。そしていま、彼女は満足して死を迎えようとしている。いとしい家の中は何もかもきちんとしている。上等でたっぷりとある食料、冬の霧氷（むひょう）を防ぐ隠れ家、敵の侵入を防ぐ城壁――すべて完璧だ、と少なくともハチは信じている。ところが、ああ、なんというあやまちをこの母親は犯していることか。いま、ここに、忌（い）むべき運命、生産せざる者を生かすために、生産する者を亡ぼす酷い運命（アスペラ・ファータ）が姿を現わす。怠け者のために働き者を犠牲にする、愚かしくも残虐な法則が明らかになるのだ。われわれは、人も虫も、いったい何をしたというのか、冷酷無比の石臼（いしうす）の下で無残に砕かれねばならぬとは。

ああ、私がもし、私の抱いている不吉な考えをこのまま推し進めていったら、ヌリハナバチの不運の物語によって、恐ろしい、痛ましい疑問をつぶやくことになるであろう。だが、答えのない「何故？」は遠ざけて、いまは歴史家としてたんなる記述をこころがけよう。

おとなしい、働き者のカベヌリハナバチの滅亡をたくらむものは、十種ばかりもいるのだが、私はそのすべてを知っているわけではない。

それぞれが独自の策略を、攻撃の技術を、そして皆殺しの戦術をもっていて、ヌリハナバチの造る巣はどれも破滅から逃れ得ないのだ。あるものは蓄えられた食料を奪い取り、またあるものは幼虫を食べ、さらにあるものは住み家を乗っ取る。住居も、蓄えた蜜や花粉も、やっと大きくなった子供も、何もかも取られてしまうのである。

第3巻7章より抜粋

複雑な成長過程

ファーブルは早くも1855年に、彼の科学的業績のなかでも特に重要な、ゲンセイの複雑な変態について発見した。ゲンセイは甲虫の仲間で、野生のミツバチに寄生をする。ファーブルはゲンセイの幼虫が次々と姿を変える現象を「過変態」と名付け、のちに他の事例も見つけることになる。

過変態

ゲンセイの仲間、ツチハンミョウの仲間、キバネハンミョウの仲間、そして明らかにそのほかのツチハンミョウの仲間、おそらくツチハンミョウ科のすべてのものは、最初の幼虫時代には蜜を集めるハナバチ類に寄生をする。

ツチハンミョウ科の幼虫は、蛹になる以前に、四つの姿を取る。私はそれらを第一幼虫、第二幼虫、擬蛹、第三幼虫と名付けておく。これらの姿の一つから次のものへの移行は単なる脱皮によって行なわれるが、内臓にはなんの変化もない。

第一幼虫は角質で体が硬く、ハチの体にしがみつく。その目的は、蜜でいっぱいのハチの巣の小部屋に運ばれて行くことである。小部屋に到着すると第一幼虫はハチの卵をむさぼり食い、それで第一幼虫としての役目は終わる。

第二幼虫の体は軟らかく、外形の特徴は第一幼虫とまったく異なる。この幼虫は侵入した小部屋の中にある蜜を食べて育つ。

擬蛹は運動能力をまったく欠いており、アブやハエの囲蛹やチョウや、ガのそれのような、普通の蛹に似た角質の皮膚に覆われている。この皮膚の表面には、動かないがはっきりそれとわかる頭部の仮面、肢の所在を示す六つの瘤、九対の気門が浮き彫りになって見えている。

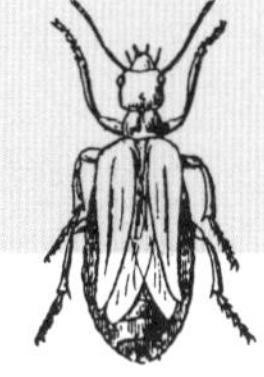

ゲンセイの場合、擬蛹は口のない袋のようなものの中に閉じ込められており、キバネハンミョウの場合、第二幼虫の皮膚でできた、ぴったりした袋に包まれている。ツチハンミョウでは、それは第二幼虫の裂けた皮膚の中に半分だけ、はまり込んでいるだけである。

第三幼虫は、第二幼虫の特徴をわずかな細部を除いて再現している。ゲンセイの場合も、また、おそらくキバネハンミョウの場合も、第二幼虫の皮膚と擬蛹の脱皮殻とでできた二重の袋の中に包み込まれている。ツチハンミョウの場合、裂け目のある擬蛹の皮膚の中に半分だけ包まれていて、この皮膚がまた第二幼虫の皮に半分はまり込んでいる。

この第三幼虫以後、変態はふつうに行われる。すなわち、この幼虫が蛹になり、この蛹が成虫になるのである。

第2巻17章より抜粋

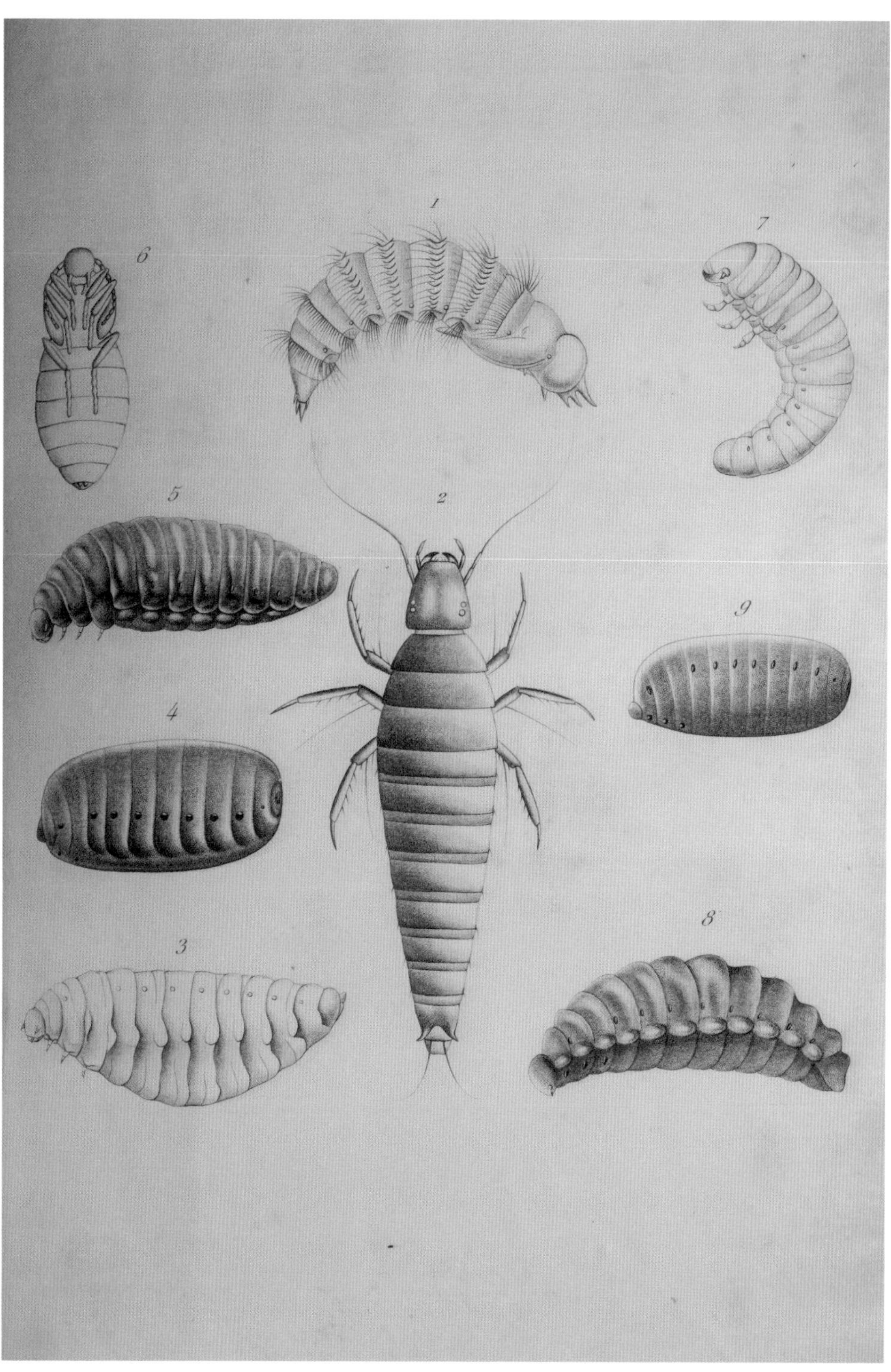

ツチハンミョウ科の過変態（ファーブルのデッサンをもとにした版画）

ツチハンミョウの成虫

ツチハンミョウ科の幼虫は、
蛹になる以前に、四つの姿を取る。

味、色、音

DES GOÛTS, DES COULERS
ET DES SONS

コッスス ― セミの幼虫 ― ケルメスタマカイガラムシ
虫の色彩 ― キリギリスの弓

Decticus albifrons

Decticus albifrons

ファーブルは理性によって虫を識ろうとした。だからこそ、観察と実験という二つの理性的な手段を好んで用いたのである。その時代の申し子であるファーブルは、現象だけでなく、その原因についても科学で説明できると考え、そう願っていた。このような信念の裏には、「精神主義」とでも呼ぶべきものの強い影響がある。同じ学者であるフラマリオン（カミーユ・フラマリオン［1842〜1925年］：フランスの天文学者）のように、ファーブルは「自然を統治する無限の知恵」の存在を信じていた。これは、スピノザ（バールーフ・デ・スピノザ［1632〜1677年］：汎神論で知られるオランダの哲学者）の説いた「能産的自然（Natura naturans）」、すなわち「神とは即ち自然そのものであり、すべてのものは神（＝自然）から生まれている」という考えにも通じている。科学が答えを出せると信じながらも、ファーブルは頻繁に疑問を抱え、『昆虫記』には「巨大な疑問符」で締めくくられている章がある。おそらく、そんな疑念を払拭するためだろう、ファーブルはより一層自然の世界に没頭し、自然に溶け込もうとするのだった。ファーブルのもう一人の同時代人、ランボー（アルチュール・ランボー［1854〜1891年］：象徴主義を代表するフランスの詩人）の詩の世界のように、豪奢な色彩、美しい調べや粗野な音、ある種が放つ馥郁たる香り、いわば昆虫学のコミュニオン（聖体拝領）として食された昆虫の味わいなど、あらゆる感覚を駆使して自然を実感しようと努めたのである。

美味な幼虫

古代ローマの裕福な人々は、コッススと呼ばれる幼虫を美食としたという。いったい、これは何の幼虫なのだろう。昆虫学者の間でも異論があり、種は特定されていない。一説ではガの幼虫とされているため、オオボクトウはフランス語でコッススと呼ばれている。また、クワガタムシやカミキリムシなど甲虫の幼虫だという説もある。ファーブルはヒロムネウスバカミキリの幼虫がコッススではないかと考え、マルディ・グラの正餐で家族と友人に振る舞った。

コッスス

プリニウスはこう記している。「ろーま人タチハ食卓デ贅沢ノ限リヲ尽クスアマリ、ツイニハ〝こっすす〟ト呼バレル〝おうしゅうなら〟ノ大型ノ蛆虫ヲ美味ナルモノト見ナスマデニ至ッタ」

ここで語られている蛆虫というのは、正確にはいったいなんなのであろう。〔…〕それはカシミヤマカミキリの幼虫である。〔…〕

私はもうひとつ、コッススとしての条件を満たしうるものを知っている。しかもこれは、

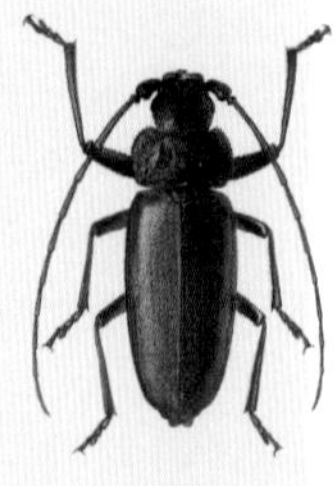

私の考えでは、その条件をもっとよく満たしているのだ。どうやって私がその幼虫を見つけたかについて、話すことにしよう。[…]

ある晴れた冬の日の午後、家族がみんないるところで、息子のポールが木材を割る頑丈な道具を振るってくれて、私たちは二個の切り株を分解しはじめた。

外側は乾燥して硬いけれど、中のほうはまるで燧石(ひうちいし)で火をつけるときに使う火口(ほくち)のようにふかふかの屑になっている。このしっとり湿って生暖かい腐朽した木の中に、親指ほどの大きさの幼虫が大量にいた。これほどでっぷり肥った幼虫を私は今までに見たことがない。

見かけは感じのいい象牙色で、繻子(しゅす)のように肌理(きめ)が細かく手触りがいい。食べることを考えると気味が悪い、というような偏見を捨てて外見だけからいうと、新鮮なバターの詰まった半透明の袋のようで、旨(うま)そうにさえ見える。これを見ていて、私にひとつの考えが浮かんだ。そうだ、これがコッススだ。カシミヤマカミキリの田舎臭い蛆虫なんかよりはるかに上等の、本物のコッススなのだ。古代ローマ人があれほど讃美している料理を試食してみないという法があるだろうか。これは絶好のチャンスだ。こんな機会はもうないかもしれない。[…]ちょうど謝肉祭(カーニヴァル)の最後の火曜日、マルディ・グラだ。とてつもない料理を食するのには時期的にもちょうどぴったりだ。

帝政時代のローマではコッススにどんなソースを用いて食していたのか、アピキウスのような当時の美食家たちはこの点にかんして、われわれに何も書き残してくれてはいない。

あの美味な小鳥、ズアオホオジロは単純に串焼き（プロシェット）にする。［…］昆虫界のズアオホオジロともいうべきコッススも同じように料理することにしよう。串に刺したコッススを赤く燃えさかっている炭火のグリルに並べてやる。塩ひと摘み。これだけはどうしても調味料として欠かせない。しかし味つけはそれだけである。炙った幼虫は黄金色になり、じいじい静かな音をたて、ぽとりぽとりと脂の滴を落とす。それが炭火の上に落ちるとぼっと火がつき、美しい白い焔（ほのお）をあげて燃える。さあ、できたぞ。熱いうちに頂くとしよう。

私が真っ先に口に入れてお手本を見せたのに勇気づけられて、家の者たちは思い切って焼き串にかぶりつく。［…］そこにいた者たちの意見は一致した。コッススの串焼きは汁気が多くて柔らかく、なかなかの風味がある。煎ったアーモンドのような味で、ほんのりヴァニラの香りがするのである。結局のところ、蛆虫料理はけっこういけるのだ。いや、それどころか、素晴らしく旨いと言ってもいい。

第10巻6章より抜粋

ヒロムネウスバカミキリの幼虫

外側は乾燥して硬いけれど、
中のほうはまるで燧石で火をつけるときに使う
火口のようにふかふかの屑になっている。

巣穴にいるヒロムネウスバカミキリの成虫

期待はずれの御馳走

セミの幼虫は長い年月を地下で過ごし（106ページ参照）、北米に生息する種では地下生活が17年におよぶものもある。地中海沿岸の国々では、セミの幼虫は食材として知られている。コッススと同じように、ファーブルは研究対象を隅々まで理解するため、家族みんなでセミの幼虫を賞味した。

セミの幼虫

殻、あるいは皮の破れるまえ、セミの幼虫は非常においしい、とアリストテレスが言っている〔…〕「殻がまだ破れないうち」ということから、この御馳走をいつ収穫しなければならないかがわかるわけだ。

その時期というのが、農夫が土を深く掘り返す冬であるはずはない。幼虫が冬に脱皮する心配はまずないからだ。〔…〕したがってその時期とは、幼虫が巣穴から出てくる夏だ。その季節に地面をよく探せば、幼虫たちは一頭また一頭と見つかるのである。このときこそ本当に、殻が割れないよう用心しなければならない時期、そしてその唯一の時期である。

また、採集するにしても、料理するにしても、手っ取り早くしなければならない時期なのである。数分も経てば背中が裂けてしまうのだ。

料理としての、セミに関する古代の名声、〃風味絶佳〃というこの、本当に食べてみたくなるような形容は、実際にその通りなのであろうか。いまは絶好の時期である。この機会を利用しない手はない。アリストテレスが大いにほめたこの料理のすばらしさが本物なら、再び称揚しようではないか。〔…〕

七月の朝、すでにぎらぎら輝いている太陽がセミの幼虫たちに、土中から脱出するよう促しているとき、我が家のものたちは大人も子供もそれを探していた。全部で五人。庭の中、特に幼虫の一番たくさん見つかる道端を探したのであった。

殻が割れるのを防ぐために、幼虫が見つかるたびに、それをコップの水の中に入れていった。こうすれば幼虫は窒息して、変態の進行が止まるであろう。

二時間も注意深く、額の流れる汗をぬぐいながら探しまわったあげく、私たちは四頭の幼虫を手に入れた。たったそれだけで全部である。連中は変態を止めるための水の中で死んでしまうか、死にかけるかしている。しかしいずれは炒めものになる身だ、かまうことがあるものか。

調理方法はきわめて簡単である。〃風味絶佳〃というその風味をできるだけそこなわないために、オリーヴ油数滴、塩ひとつまみ、タマネギを少し、加えたのはこれだけである。『家庭料理大全』にもこれ以上簡単な料理の仕方は出ていない。夕食のときに、採集にた

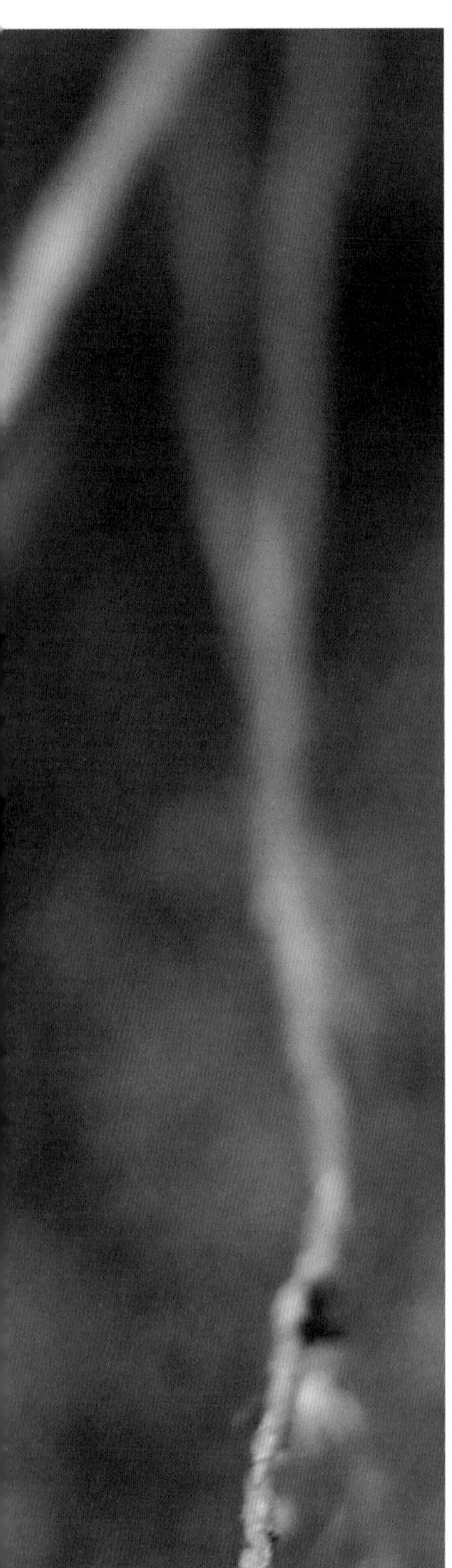

ずさわった皆で、セミの炒めものを分けて食べた。
何とか食べられる、と全員が認めた。われわれが旺盛な食欲の持ち主であり、食物に好き嫌いがないことは確かである。セミの幼虫にはかすかに小エビのような風味があり、イナゴの串焼きにも、これをもっと強くしたような味がある。しかしこれはごわごわしておそろしく硬く、汁気がなくて、まるで羊皮紙を嚙(か)んでいるようである。アリストテレスの賞賛しているこの料理を、私は他人にすすめようとは思わない。

第5巻15章より抜粋

「アリストテレスの
賞賛しているこの料理を、
私は他人にすすめようとは
思わない」
── ジャン＝アンリ・ファーブル

セミの抜け殻

セミの羽化

したがってその時期とは、幼虫が巣穴から出てくる夏だ。
その季節に地面をよく探せば、
幼虫たちは一頭また一頭と見つかるのである。

孵化器

液果（えきか）に似た、ケルメスというタマカイガラムシを、ファーブルはもちろん味見する。ケルメスタマカイガラムシの雌は、命が尽きるとき、体を乾燥させて硬い殻となり、その中で孵化する卵を守るのだ。かつては、この殻に含まれるコチニール色素が、緋色や深紅色（ヴァーミリオン）の顔料として利用されていた。

ケルメスタマカイガラムシ

巣を造って子供を保護することは、母性愛の高度な現われだが、これに匹敵するまた別の育て方があって、ときによっては感嘆せざるをえないほどの愛情の深さを発揮しているものである。〔…〕かざりけのない虫たちのなかでも、とりわけとるに足りない者、セイヨウヒイラギガシのカイガラムシは、〔…〕母親虫の皮膚が黒檀（こくたん）の防壁のように硬くなり、体そのものが、とても攻め落とすことのできぬ砦（とりで）となって、それを子供たちの揺り籠（ゆりかご）として遺（のこ）してやるのだ。

五月になったら、暑い陽（ひ）を浴びながら、セイヨウヒイラギガシの細い枝を、根気よく、ていねいに調べてみよう。［…］これらの木を探してみると、小粒のエンドウの豆ぐらいの大きさで、黒光りする小さな球が、ここにも少し、あそこにも少しというぐあいに、けっして多くはないが、見つかることであろう。

これこそが、ケルメスタマカイガラムシ、昆虫のなかでもとりわけ風変わりな虫である。これが、動物なんだって？ まさか……事情を知らない人なら、そう思うであろう。そしてクロスグリか何か、液果の類だと思い込んでしまう。それにこの球を歯で嚙んでみると、かりっと割れて、かすかな苦みの混じった甘い味がするだけに、なおさら木の実と間違えやすいのだ。しかし、美味しいといってもいいぐらいのこの実が、植物ではなく、動物、それも昆虫であることは間違いないのだ。もっと詳しく虫眼鏡で見てみよう。［…］頭部などというものはまったくない。腹部や肢にしても同様で、そんなものは少しもないのだ。体全体が大衆的な宝石屋の店によく売っているような、黒玉でできた偽の真珠みたいなのである。［…］この黒真珠は栄養を吸収して大きくなるし、リキュール製造工場で造られるような液体を、休むことなく染み出させているのだ。［…］

あのひどく根気のいい収穫者の［…］アリたちはアブラムシよりももっと、このカイガラムシのほうを好み、こっちに駆けつけてくる。そもそもアブラムシは甘露をひどく出し惜しむので、長いことかけて刺激したり、ぽってりした腹をくすぐったりしたすえにやっと、二本の角の先から、ほんの一口ぶんを出してくれるだけなのだ。その点ケルメスタマカイガラムシは気前がいい。どんなときでも自分のほうから進んで、飲みたい連中に大樽

から飲ませてやり、しかもそうやって酒のほどこしをするときは、なみなみとついでやるのである。[…]

五月の末に、この黒い小壜（アンプル）のようなカイガラムシの殻（から）を壊してみよう。中を開けてざっと見たところでは、硬いけれどかりっと欠けやすい殻の下には、卵が見えるだけだ。実際、卵以外にはまったく何もない。[…] したがって、卵の総数は数千ということになるだろう。

[…]

ケルメスタマカイガラムシについての、このいかにも不完全な生活史の記録から、特にひとつの点を記憶にとどめておきたい。それは、産卵ということから解放されている巨大な卵巣ともいうべき母親の虫は、その体自体が乾燥して硬い容器になり、子供たちはその中で移動することもなく孵化するということだ。そしてこのかさかさに乾いた母親の形見の中で、子供たちは旅立ちのときまで、幾千という数でうようよとひしめいている。通常の子孫を造る方法を思いきり単純化して、この母親は、子供を養うただの保育器に変身してしまうのである。

第9巻25章より抜粋

Plate XXXVI.—HOMOPTERA.

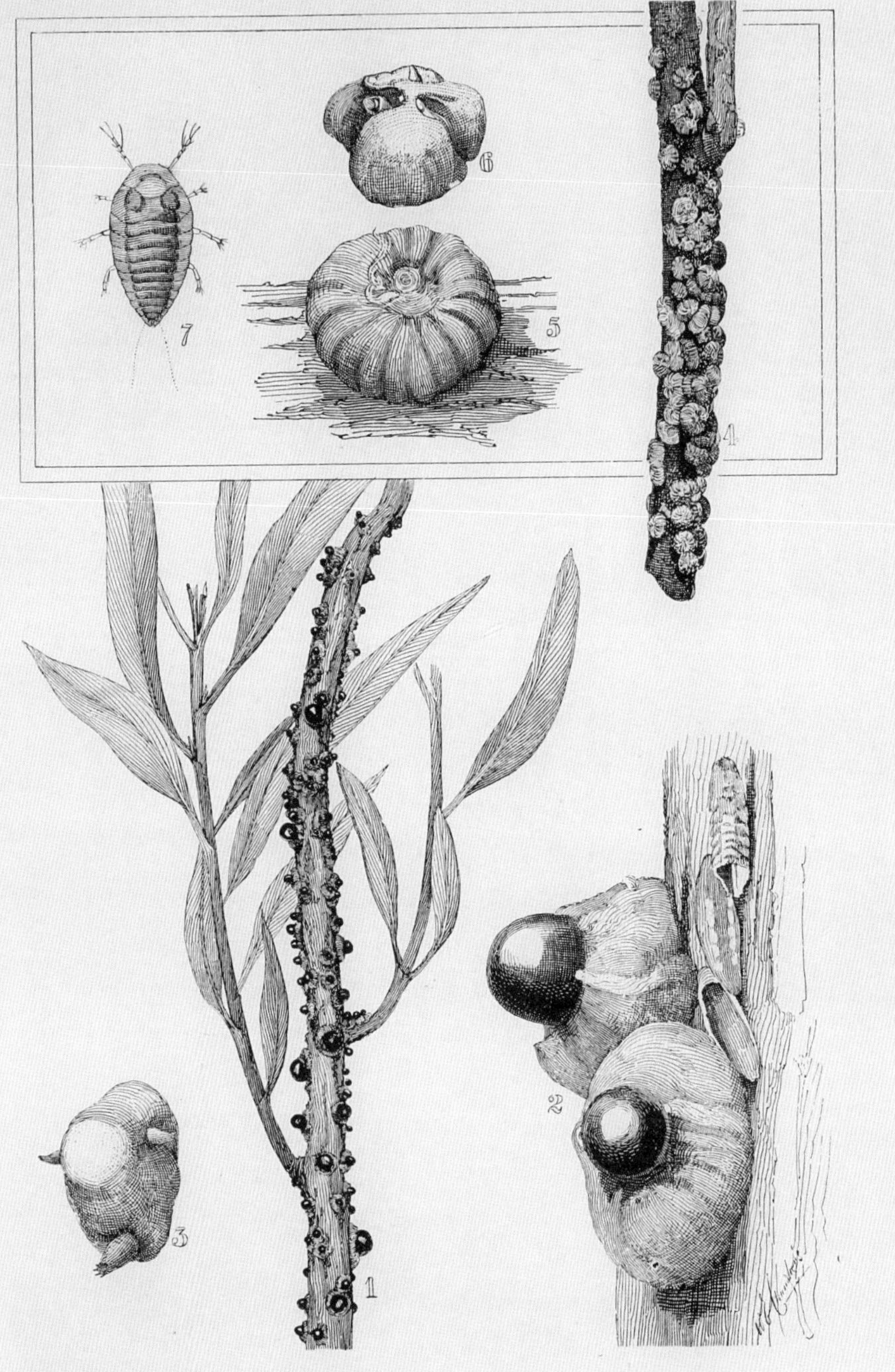

ケルメスタマカイガラムシ

小さなきらめき

ファーブルは常に化学が好きだった。化学の本を何冊か書いているし、アカネから染料を抽出する技術で――不首尾に終わったが――一攫千金を試みたこともある。ある種の昆虫たちのもつまばゆいほどの色彩に魅了されたファーブルは、色彩のもとになる成分を分析し、それは排泄物、つまり尿のような物質だと述べている。

虫の色彩

金属の輝きを得るのに、別に性質が変化する必要はないのだ。ほんのわずかのことでそれは可能なのである。化学的な方法で銀を微細にしていくと、銀はまるで煤のように黒い貧相な粉になってしまう。ところがそれを二つの硬い物のあいだに挟んで圧縮すると、泥のようであったこの汚い粉は、たちまち金属の光輝を取り戻し、元のとおり、我々の見慣れている銀になる。分子同士がくっつけられただけで、こんな奇跡のようなことが起きるのだ。

尿酸に由来するムレキシドは、水に溶かすと鮮やかな深紅色になる。結晶作用によって固体になると、それは色の豊かさでミドリゲンセイの金緑色にも負けないものになる。いろいろなところでよく使われている唐紅（とうべに）は、こういう性質の、身近にある一例である。したがって、どう考えても次のことは確かである。すなわち、尿として排泄された同一の物質が、その微粒子の集まり方によって、カガヤキニジダイコクコガネの金属的な赤にも、スカラベの無色や、艶消しの赤や黒にもなるのである。

それはスジセンチコガネとクロセンチコガネの背中では黒となり、それが突然変化して、前の種の腹面では紫水晶（アメシスト）に、後の種では黄銅鉱になる。またそれはツヤハナムグリの背中では金色がかった青銅（ブロンズ）、腹面では金属光沢の赤紫になる。

虫の種類によって、また体の部分によって、それは暗い色にもなり、あるいは金属にも見られないほどきらびやかな、変化に富んだ輝きを持つものとなる。[…]

無駄をひどく嫌う自然は、物の価値についての我々の観念を引っくり返して困惑させるような、こういうとてつもない否定的主張（アンチテーゼ）を提出するのが好きなのである。

取るに足らぬ炭素のかけらから、自然はダイヤモンドを造る。陶工が猫の餌入れを造るのと同じ粘土を材料にしてルビーを造るのである。動物の排泄する汚物を使って、自然は昆虫や鳥類を見事に飾りたてるのだ。

タマムシとオサムシの金属光沢よ、ハムシと糞虫の華麗さよ、ハチドリのアメシスト、ルビー、サファイア、エメラルド、トパーズよ。宝石職人でも言葉に窮（きゅう）するほどの燦然（さんぜん）たる輝きよ、本当のところ、おまえたちは何者なのだ？

——答え、少しばかりの小便です。

第6巻6章より抜粋

ハムシの仲間*Oreina cacaliae*

金属の輝きを得るのに、
別に性質が変化する必要はないのだ。
ほんのわずかのことで
それは可能なのである。

交尾するミドリゲンセイ

精密な楽器

カオジロキリギリスは、「灰褐色の装い」をした大型のキリギリスで、種子や昆虫を主食とする雑食性であることからも窺えるように、「原初の時代」の昆虫に近く、「太古の時代の代表的な生物」だ。「楽しげに鳴く」その歌がどのように奏でられるのか、ファーブルは興味をかきたてられた。

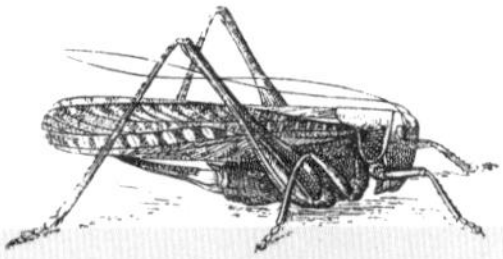

キリギリスの弓

とりあえずカオジロキリギリスの歌を聴くことにしよう。カオジロキリギリスの歌は乾いていて鋭い、ほとんど金属的な音で始まる。[…]それは長い間をおいての「ティック、ティック」という短い音の連続である。それが少しずつクレッシェンドしていって「ガチャガチャ」という速い調子の歌になり、「ティック、ティック」のほうは通奏低音のように伴奏する。最後にクレッシェンドが非常に激しくなって金属音が消えてしまい、何かが擦れるような非常に速い「フルルル、フルル、フルル」という音に変化するのである。

虫の名演奏家はこんな具合に、何時間も続けて歌と沈黙を交互に繰り返す。［…］

では、カオジロキリギリスはどうやって歌っているのか。［…］カオジロキリギリスの前翅は根元のところが広くなっており、背中にあたるところが細長い三角に浅く窪んでいる。これで発音するのだ。左の前翅は右の前翅の上からかぶさり、翅を閉じて休止しているときには、右前翅の発音器を完全に覆っている。この器官のなかでもっとも目立ち、昔からもっともよく知られてきたのは〝鏡〟という部分である。翅脈の枠に囲まれた、楕円形の薄い膜がぴかぴかと輝いているので、そう呼ばれているのである。この非常に薄い膜は、いわば太鼓に張った皮なのであって、太鼓との違いといえば、何かで打たなくても鳴ることである。［…］

原動機は、左前翅にある。左前翅は、平らな縁の部分で、右前翅を覆っている。外部から見たところ、何も変わったものはないけれど、やや斜めに傾いて、ちょうど盛り上がったような部分がある。［…］単に他のより太い翅脈だと思われるぐらいのものである。しかし、その部分の裏側を虫眼鏡で調べてみよう。この膨らみはふつうの翅脈などよりずっとよくできたものである。きわめて精巧にできた楽器であって、刻み目のついた素晴らしい〝弓〟になっている。こんな小さな部分にこれほど規則正しく歯がついていることに驚いてしまう。［…］端から端まで櫛のように斜めに約八十の歯がついている。歯は断面から見ると三角形に尖り、きれいに揃っていて、硬くて磨り減りにくそうな材料でできている。色は濃い褐色である。［…］

左前翅の歯のついた弓を動かして、右前翅の摩擦脈を振動させるのである。そして鏡にぴんと張られた薄い膜は、振動する枠の動きを伝えて震える共鳴器なのだ。人間の音楽にはたくさんの振動膜が使われているけれど、そのどれも直接叩(たた)く必要がある。人間の楽器造りよりもっと進んだキリギリスは、弓と太鼓とを組み合わせているのである。

第6巻11章より抜粋

カオジロキリギリス

ファーブルをめぐって

AUTOUR DE
JEAN-HENRI FABRE

菌類学者と画家の顔

ファーブルは昆虫学者という肩書きを嫌い、彼自身は、自然のあらゆることに通じた、博物学者(ナチュラリスト)、人間、博識の人(サヴァン)と称していた。確かに、虫に対して深遠なる愛情をもち、虫たちのために人生の大半を費やしている。しかし、他の生き物にも子供のころから興味があり、なかでも特に関心を寄せていたのがきのこであった。きのこは標本にすることができないので、ファーブルはセリニャンで田舎暮らしを始めてからきのこの絵を描き始めた。ファーブルが遺したおよそ600点の水彩画は、優美さと精密さとが共存する見事な作品だ。『昆虫記』と同じく、ファーブルはここでもまた芸術と科学とを見事に融合させている。

ファーブルときのこ

きのこというものを初めて見る私の目にそれは、本当に面白い見物だった。なかには鐘(かね)のような形をしたもの、蠟燭消し(ろうそくけ)のような円錐形をしたものや盃形(さかずきがた)のものがあった。紡錘形にひゅっと伸びたようなもの、漏斗型(ろうとがた)にへこんだもの、半球形に丸まっているものもある。壊すと一種乳液のような汁を出すものを見つけたこともあるし、つぶすとたちまち青色に変色するものを見つけたこともある。大きなきのこで、腐るとぐじゃぐじゃに形がくずれ、蛆虫がうようよ湧いているのさえあった。

そのほかにまた洋梨の形をしていて、かさかさに乾いており、頭のところに丸い穴が開いていて、指先で胴の部分をぽんぽんと叩いてやると、煙突のようにぽっぽっと煙が出る。これがいちばん面白いきのこだった。私はこのきのこをポケットいっぱいに詰め込んで、暇にあかして煙を出させてやった。すると最後には中身が空になって、きのこの火口（ほくち）のようになってしまうのであった。［…］しかし私が見つけたきのこは、あたりまえだが、家に持って帰ることが許されなかった。きのこは私の地方ではBoutorel（ブートレル）と言っていたのだけれど、悪い物とされていた。毒があって中（あた）ると死んだりするというのだ。

私の母はよく知りもしないくせに、あたまからきのこを食卓には載せなかった。［…］

子供らしい好奇心で私がひとりきのこの知識を心のなかに養っていたあの恵み多き時代からは、なんと遠く隔たってしまったことか！

「アヽ歳ハ朧（おぼろ）ニ消エユク」とホラティウスは言っている。まさにそのとおりである。歳月というものは、とりわけ、その終わりのころが近づくと、ますます速く過ぎ去っていくのである。かつてそれはヤナギのあいだを縫って、傾きがあるかなきかのゆるやかな斜面を、ゆっくりと流れていく楽しい小さな流れであった。ところが今やそれは数多くの漂流物を押し流し、底知れぬ深き淵へと流れ落ちる急流なのだ。たとえそれが束の間のものに過ぎないにしても、有効に使おうではないか。

日暮れ時が迫ってくると、樵（きこり）は、その日伐（か）った最後の薪を束ねる。それと同様に、知識の森の貧しい樵であるこの私は、生涯の終わりを迎えて、私の薪束を整理しておこうと思う。虫の本能についての私の研究のなかでは、いったい何が後世に残ることであろうか。おそらくほんのわずかなものであろう。私としては全力を尽くしたつもりだったが、それは精々のところ、これまで探求されていなかったひとつの世界に、いくつかささやかな窓を切り開いたぐらいのものであろう。

幼年時代から、私にとって無上の喜びであったきのこの研究ときては、それよりもっと不幸な運命を迎えるものとなろう。私は生涯を通じてきのこたちとの付き合いを保ってきた。今もなお、ただきのこたちとの旧交を暖めるためにだけ、私は脚を引きずりながら、美しく晴れた秋の午後など、彼らの元を訪ねるのだ。薔薇色の絨緞のようなヒースの中から、イグチの大きな傘やハラタケの柱頭がのぞいていたり、珊瑚の茂みに似たホウキタケが生えている様を見るのが好きなのである。

わが終（つい）の棲家（すみか）たるセリニャンでも、私はきのこに熱中した。セイヨウヒイラギガシやヤマモモモドキ、ローズマリーの茂るこのあたりの丘陵地帯は、それほど、多くのきのこを産するのである。それがあまりにも多量にあるので、ここ数年というもの、私は途方もないことをくわだてている。それはきのこを忠実な絵に描いて蒐集（コレクション）しようというものだ。というのは、きのこは、そのままの状態では標本として保存できないからなのである。

最大のものから最小のものまで、私はこのあたりのありとあらゆる種類のきのこを、実物大で描き始めている。水彩画の描き方なんか私は知らないけれど、それはどうでもいい。人の描いているのを見たことさえないが、自分で工夫すればやれるようになるであろう。初めは下手でも次には少しましになり、それから上手く描けるようになるものだ。絵筆を執ることは文章を書くという日々の苦痛を紛らわせてくれるであろう。

そして今ではセリニャン近辺のさまざまなきのこ類を実物大に描き、そのとおりに彩色したものを数百枚も所有することになった。私のきのこの絵の蒐集（コレクション）にはそれなりの価値がある。それは、芸術的な表現には欠けているにしても、少なくとも正確な長所を有しているのだ。日曜日になるとその絵を見に、田舎の人たちが我が家を訪ねてきて、感心して眺めながら、こんな美しい絵が型もコンパスも使っていない、手描きの作品だというのでびっくり仰天するのだ。それから彼らは描かれているきのこのことをすぐに、これはあれだ、あれはこれだ、と見分ける。そしてそれらのきのこのプロヴァンス名を私に教えてくれる。私の絵が正確であることのいい証拠だ。

ところで、これだけの苦労を要した大量のきのこの絵の山はいったいどうなってしまうことだろうか。しばらくのあいだはたぶん、私の形見としてとっておかれることであろう。けれどもやがては邪魔になって、この戸棚からあの戸棚へという具合に置き場所を移され、物置から物置へと移動させられたあげくに鼠に囓（かじ）られ、染みだらけになって、親戚の男の子か誰かに与えられる。そしてその子は折り紙の鶏を折るために四角く切ってしまったりすることだろう。それが世の常というものだ。われわれの幻想がこれ以上はないほどの愛

情で慈しんできたものも、現実という爪で引き裂かれてみじめな最期をとげることになるのである。

第10巻19章より抜粋

ナラタケ　ファーブルによる水彩画

ファーブルが採集した植物標本

ファーブルの後継者たち

LA POSTÉRITÉ DE FABRE

死後の栄光

プロヴァンスの詩人フレデリック・ミストラル（1904年ノーベル賞受賞）やベルギーの小説家モーリス・メーテルリンク（1911年ノーベル賞受賞）をはじめ、エドモン・ロスタン、ジャン・リシュパンといった作家たちなど、多くの芸術家や知識人が『昆虫記』の完成を宣伝したおかげで、ファーブルは最晩年になってようやく名声を得た。彼らの精力的な活動により、「ファーブルを救え」という運動の波がフランスを席巻し、さらに世界へと広がった。1915年のファーブルの葬儀はしかるべく執り行うことはできなかったが、世界中の新聞で取り上げられた。1918年に戦争が終わると、止まっていたものごとが再び動き始め、知識人の間でファーブルに対する評価が少しずつ高まっていく。1921年、ファーブルの熱烈な後援者の一人で、ロワール＝エ＝シェール県選出の国会議員であるジョルジュ・ルグロ博士の尽力により、アルマスが国有化され、生物科学界のメッカ、フランス国立自然史博物館の分館として保存されることになった。科学界には、それはやりすぎだという声もあった。ファーブルは芸術家であって、学者ではない、とみなされていたからである。高明なフランス人生物学者エチエンヌ・ラボー（1868〜1956年）は、著書『J.-H. Fabre et la science（J＝H・ファーブルと科学）』（1924年）のなかで、ダーウィンの進化論に反対したファーブルを非難し、ファーブルの観察には正確さが欠けていると主張した。すると、すぐに反論が組織された。今度は、ファーブルの信望者たちによる書籍が次々と出版されたのだ。こうした論争は雑誌に取り上げられ、世間の注目を浴び、ファーブルはなお人々の話題に上っていた。フランスでファーブルの知名度が高かったのは1950年代までだった。

外国、特に日本での評価

1914年に戦争が勃発する前から『昆虫記』の翻訳が始まり、ロシア語（1898年）、英語（1901年）、ドイツ語（1907年）で出版されていた。戦争が終わると、スペイン語、ポルトガル語、イタリア語、ルーマニア語、チェコ語、ポーランド語など、他の言語にも翻訳されていく。1922年には、日本語で初めての『昆虫記』が出版された。訳者は大杉栄（1885〜1923年）という風変わりな人物である。無政府主義者で活動家の大杉は、一種の天才だった。投獄されるたびに外国語を一つ習得し、すぐさまその言語で本を読んでいたという。この大杉にファーブルを読むよう勧めたのは、やはり無政府主義者でロシア貴族の末裔、

ファーブルに捧げられた砂の彫刻（2013年 吹上浜 砂の祭典）

ピョートル・クロポトキン（１８４２〜１９２１年）だった。（日本に『昆虫記』を紹介し、大杉にも知らせたのは、キリスト教社会運動家の賀川豊彦（１８８８〜１９６０年）だとも言われている。）『昆虫記』に魅せられた大杉は翻訳を始め、第一巻が１９２２年10月に出版されたが、大杉は１９２３年９月に牢獄で殺害されてしまう。その後を継いで５人の訳者により翻訳が続けられ、１９３６年に完成する。最初の数巻が発表されるとすぐ、『昆虫記』は日本で絶大な人気を博し、最初の翻訳が完成する前に、早くも他に二つの翻訳が着手された。そんなブームを受けて、フランスではすっかり忘れられていた、『天体の驚異』『地球の解剖』『自然科学物語』（アルス、１９３０年）など、ファーブルの他の作品も翻訳された。現時点までに『昆虫記』全巻の邦訳は六つあり、そのうち二つは、ファーブルの作品に関する造詣の深さにおいて比類のない、奥本大三郎によるものである。一つは平易な日本語で書き下ろしたジュニア版で、もう一つは文学的に格調高い完訳版だ。さらに、ルグロ博士が1910年に発表したファーブルの伝記（のちに改定、補完される）をもとに、数多くの翻訳、翻案が行われている。今日、日本ではファーブルは西洋の偉人の一人に数えられている。毎年、ファーブル関連の書籍が漫画も含めて数多く出版され、昆虫記に関するもの、ファーブルの人生に関するものにほぼ二分される。

動物行動学

エチエンヌ・ラボーの見解とは逆に、ファーブルは芸術家であるだけでなく、科学者、学者でもあった。確かに、レオミュール（1683〜1758年）のおかげで18世紀に脚光を浴びた動物の行動に関する研究は、19世紀にはもう古い科学とみなされ、この学問を1854年に「エソロジー」と命名したイシドール・ジョフロワ・サン＝ティレール（1805〜1861年）など、卓越した研究者らの功績にもかかわらず、若干なおざりにされていた。ファーブルは「エソロジー」という言葉を一度も使わなかったが、この学問分野の新たな原動力となり、飛躍的な発展に大きく貢献した。『昆虫記』の大成功により、ファーブルのように観察と実験を天職とする人々が世界中に現われ、その中には立派な科学者となり、重要な発見をした人もいる。人間も含めた動物の行動を研究する動物行動学は、大学の教科として確立し、多くの研究

ベルギー人アーティスト、ヤン・ファーブルの作品。

者の業績により注目を集めている。動物行動学者として最も有名なカール・フォン・フリッシュ（1886〜1982年）、コンラート・ローレンツ（1903〜1989年）、ニコラース・ティンベルゲン（1907〜1988年）の3人は、1973年に共同でノーベル医学生理学賞を受賞した。3人ともファーブルの強い影響を受けているが、特にティンベルゲンの初期の研究は、『昆虫記』に書かれたハチ類の実験を発展させたものである。

ファーブルと芸術家たち

ただし、ラボーは完全に間違っていたわけではない。ファーブルは、おそらく学者であるよりもっと、作家であり、画家であった。1909年にフランス語とプロヴァンス語で併記された詩集を発表し、同じ年、南フランス諸方言の存続を目的とする文学結社「フェリブリージュ」の「幹部会員（マジョラル）」の称号を得た。また、ファーブルは作曲も手がけている。きのこの水彩画により、本格的な画家としても認められ、美術専門書の中で言及されている。こうした作品のすべて、なかでも『昆虫記』は、『変身』のフランツ・カフカ、『小さな狩り――ある昆虫記』のエルンスト・ユンガー、『砂の女』『方舟さくら丸』の安部公房といった作家たちや、イラストレーターのエドワード・ジュリアス・デトモルト（1883〜1957年）、造形芸術家のヤン・ファーブルの他、マーク・ディオン、浅沼剛ら多くのアーティストにも影響を与えている。

ファーブル驚異の博物誌

二〇二二年十二月二十一日　初版第一刷発行

著者　イヴ・カンブフォール
訳者　瀧下哉代・奥本大三郎
発行者　澤井聖一
発行所　株式会社エクスナレッジ
https://www.xknowledge.co.jp/
〒一〇六-〇〇三二　東京都港区六本木七-二-二六
問合先　［編集］TEL 〇三-三四〇三-一三八一
FAX 〇三-三四〇三-一三四五
info@xknowledge.co.jp
［販売］TEL 〇三-三四〇三-一三二一
FAX 〇三-三四〇三-一八二九

著　者
イヴ・カンブフォール
CNRS（フランス国立科学研究センター）、フランス国立自然史博物館、パリ第七大学の名誉研究員。研究分野は、生物学、生態学、昆虫系統学、昆虫象徴学の他、昆虫学の歴史と哲学におよぶ。『L'OEuvre de Jean-Henri Fabre（ジャン＝アンリ・ファーブルの著作）』（ドラグラーヴ出版、1999年）他、著書多数。

序　文
クリスティーヌ・ロラール
生物科学博士、フランス国立自然史博物館教授・研究員。共著書に『Arachna: les voyages d'une femme araignée（アラクナ：蜘蛛に魅せられた研究者の旅）』（ベラン出版、2011年）がある。

訳　者　瀧下哉代（たきしたかなよ）

訳　者　奥本大三郎（おくもとだいさぶろう）

翻訳協力　株式会社トランネット

装　丁　岩元萌（オクターヴ）

写真提供

AURELIE LEQUEUX/COLL. CLAUDE NATURE, p.51,71,99,117,155,215,235,265,カバー
AURELIE LEQUEUX/COLL. YVES CAMBEFORT, p.3,55,66,88,95,97,110,188,218,224,231,238,259,268,284
BRIDGEMAN p.4
AKG p.12（© akg-images）, p.89,130（© akg-images / bilwissedition）
FOTOLIA p.14,86-87,195,239,271,272-273,276-277,278-279
CORBIS p.17,41,42,75（© Graphica Artis / Corbis）,p.36-37（© Bernard Bisson / Sygma / Corbis）, p.62-63,64-65（© Andy Sands / Nature Picture Library / Corbis）, couverture, p.137,カバー（© Corey Hochachka / Design Pics / Corbis）, p.151,152-153,233（© Alex Wild / Visuals Unlimited / Corbis）, p.166-167（© David Roseburg / Corbis）, p.227（© Konrad Wothe / Minden Pictures / Corbis）, p.305（© Rieko Uekama / Demotix / Corbis）
LEEMAGE p.19（© Costa / Leemage）, p.81-82,103,179（© DeAgostini / Leemage）, p.309,カバー（© NMG / Writer Pictures / Leemage）
AGENCE PHOTOGRAPHIQUE DU M.N.H.N. p.24,29,34-35,38（© M.N.H.N. - Philippe ABEL）, p.300-301,302（© M.N.H.N. - BESSOL,Laurent）
ROGER VIOLLET p.249,251（© Jacques Boyer / Roger - Viollet）
YVES LANCEAU / NATHALIE TRUCHET p.45,58-59,104-105,144-145,185,190-191,192-193,197,198-199,202-203,210-211,212-213,カバー
GETTY IMAGES p.61（© Frank Greenaway / Dorling Kindersley）, p.107（© M.&C. Photography）, p.141（© David Courtenay / Oxford Scientific / Getty Images）, p.176-177（© Brooke Whatnall / National Geographic / Getty Images）, p .206-207（© Bill Draker / Getty Images）, p.245（© Valerie Giles / Photo Researchers / Getty Images）
GAMMA-RAPHO p.57,228-229（© Patrick LORNE / JACANA）, p.83（© JP SAUSSEZ / JACANA）, p.114-115（© Isabelle MACON / GAMMA-RAPHO）, p.124-125（© Alain LARIVIERE / JACANA）, p.134-135（© Werner LAYER / JACANA）, p.160-161（© Sylvain CORDIER / JACANA）, p.180（© Rolando GIL / JACANA）, p.222-223（Gilles MARTIN / JACANA）, p.307（© Raphael GAILLARDE / GAMMA）
HEMIS p.68,112,246-247,288-289（© imageBROKER / hemis.fr）, p.76-77,172-173,286-287（© BLANCHOT Philippe / hemis.fr）, p.78-79,92-93,262-263,292-293（© Flpa / hemis.fr）, p.132-133,171（© BRINGARD Denis / hemis.fr）, p.162-163（AUSLOOS Henry / hemis.fr）, p.252-253（Animals Animals / hemis.fr）
PIXATERRA p.90,122-123（© NEVEU P. / HORIZON）, p.182-183（© LUQUET M. / HORIZON）
FLICKR p.147（© David GENOUD / flickr.com）, p.256（© Karunakar Rayker / flickr.com）
DR,カバー

略年表

1. アヴェロン県(1823~1837年)

- 1823年12月21日
  アヴェロン県サン＝レオン村にジャン＝アンリ・カジミール・ファーブル誕生
- 1830〜1834年
  サン＝レオン村の小学校で学ぶ
- 1834〜1837年
  ローデズの中等学校で学ぶ(第7〜5級)

2. 放浪の時代(1837~1840年)

- 1837〜1840年
  トゥールーズ、モンペリエ、アヴィニョンなど、一家で各地を転々とする

3. アヴィニョン〈1〉(1840~1842年)

- 1840年9月〜1842年6月
  アヴィニョンの初等師範学校で学ぶ
- 1842年6月26日
  初めての出版:「祈り」と題した詩を発表
- 1842年8月
  小学校上級教員免許を取得
- 1842年9月
  ヴァントゥー山に初登山
- 1842年9月29日
  初めて散文を発表:「ヴァントゥー登山」

4. カルパントラ(1842~1849年)

- 1842年10月1日
  カルパントラの小学校教師に任命される
- 1844年10月3日
  マリー＝セザリーヌ・ヴィヤール(1821〜1885年)と結婚
- 1845年7月11日
  長女エリザベス誕生(1846年4月30日没)
- 1845年
  文学バカロレアを取得
- 1846年
  数学バカロレアを取得
- 1847年1月20日
  長男ジャン誕生(1848年9月6日没)
- 1847年
  数学の学士号を取得
- 1848年
  物理学の学士号を取得

5. アジャクシオ(1849~1852年)

- 1849年1月22日
  アジャクシオの高等中学(リセ)の教師に任命される
- 1850年10月3日
  次女アンドレア誕生(1898年4月25日没)

6. アヴィニョン〈2〉(1852~1870年)

- 1852年12月9日
  アヴィニョンの高等中学の自習監督に任命される
- 1853年5月26日
  三女アグラエ誕生(1931年1月13日没)
- 1854年7月
  トゥールーズで博物学の学士号を取得
- 1855年
  パリで博物学の博士号を取得、初めて昆虫学の論文を発表(コブツチスガリに関する論文)
- 1855年8月24日
  四女クレール誕生(1891年5月22日没)
- 1858年1月20日
  アヴィニョンの高等中学の教師に任命される
- 1861年4月9日
  次男ジュール誕生(1877年9月14日没)
- 1861年10月
  初めての著書『農業化学の話』を出版(出版年1862年)
- 1863年2月26日
  三男フランソワ＝エミール誕生(1914年9月13日没)
- 1864年7月
  「科学入門」シリーズ『Physique(物理学)』を出版

- 1866年4月21日
  ルキヤン博物館の館長に就任
- 1866年11月
  ガルニエ出版社より『ファーブル植物記』を出版（出版年1867年）
- 1868年
  パリを訪問し、ナポレオン3世に謁見、レジオンドヌール勲章シュバリエを授与される
- 1870年9月か10月
  教職を辞する

7. オランジュ（1870〜1879年）

- 1870年末
  アヴィニョンからオランジュに転居
- 1870〜1879年
  オランジュに住み、『昆虫記』の執筆を開始する

8. セリニャン（1879〜1915年）

- 1879年5月
  アルマスに転居
- 1879年8月13日
  『昆虫記』（のちの『第一巻』）を出版
- 1882年12月12日
  『新昆虫記』（のちの『第二巻』）を出版
- 1885年7月28日
  妻マリー＝セザリーヌ死去
- 1886年
  『昆虫記第三巻』を出版
- 1887年7月11日
  フランス科学アカデミーの通信会員に選ばれる
- 1887年7月23日
  マリー＝ジョゼフィーヌ・ドーデル（1864〜1912年）と再婚
- 1888年9月12日
  長男ポール＝アンリ誕生（1967年没）
- 1890年3月27日
  長女ポーリーヌ＝アンリエット＝マリー誕生（1974年没）
- 1891年
  『昆虫記第四巻』を出版
- 1893年12月31日
  次女アナ＝エレーヌ誕生（1977年没）
- 1897年10月
  『昆虫記第五巻』を出版
- 1899年12月
  『昆虫記第六巻』を出版
- 1900年10月
  『昆虫記第七巻』を出版
- 1903年
  『昆虫記第八巻』を出版
- 1905年
  『昆虫記第九巻』を出版
- 1907年
  『昆虫記第十巻』を出版
- 1909年
  アヴィニョンのルマニーユ夫人により『Oubreto prouvençalo dóu Felibre di Tavan（虫の詩人によるプロヴァンス語の詩集）』を出版
- 1910年4月3日
  セリニャンで科学の祝典が開催される
- 1910年
  『昆虫記第一巻』を抜粋した『La Vie des insects（虫の一生）』を出版
- 1911年
  『昆虫記第二巻』を抜粋した『Moeurs des insectes（虫の習性）』を出版
- 1912年7月23日
  後妻マリー＝ジョゼフィーヌ死去
- 1913年
  『昆虫記第三巻』を抜粋した『Les Merveilles de l'instinct chez les insectes（虫の驚くべき本能）』を出版
- 1913年10月14日
  フランス大統領レイモン・ポワンカレがファーブルを訪問
- 1915年10月11日
  ジャン＝アンリ・ファーブル、セリニャンのアルマスの自宅で死去

用語集

【囲蛹(いよう)】
脱皮した幼虫の皮の中でそのまま蛹になったもの、ハエの仲間に多い

【営巣(えいそう)】
巣を作ること

【大腮(おおあご)】
昆虫の口の主たる部分

【外骨格(がいこっかく)】
節足動物などの、体の外側を覆う骨格

【過変態(かへんたい)】
幼虫の段階で、形態を著しく変える複雑な変態

【帰巣本能(きそうほんのう)】
動物が遠く離れた繁殖地や巣に正しく戻ってくる能力

【気門(きもん)】
昆虫の体の側面にある呼吸するための穴

【胸部(きょうぶ)】
昆虫の体を構成する三つの部分のうち、頭部と腹部の間の部分

【後肢(こうし)】
昆虫の一番後ろの一対の肢

【蛹(さなぎ)】
チョウやガなどの幼虫と成虫の間の段階

【鞘(さや)】
ミノガの幼虫などが作る袋状の巣

【産卵管(さんらんかん)】
産卵の際、卵を埋め込むための突起

【飼育種(しいくしゅ)】
人間の住まいの中や人間の傍で暮らす生き物

【翅鞘(ししょう)】
鞘翅目の昆虫の硬い前翅

【自然選択説(しぜんせんたくせつ)】
ダーウィンによる生物の進化論、生物が環境に適応するように競争が起こり、適者が生存することで進化が起きたとする説

【漆喰(しっくい)】
セメントに似た、壁の上塗りなどに使われる建材

【鞘翅目(しょうしもく)】
硬い前翅をもつ分類群で、甲虫類、コウチュウ目ともいう

【触鬚(しょくしゅ)】
昆虫の口のまわりにあるひげ

【食植性(しょくしょくせい)】
植物だけを食物とする性質

【節間膜(せつかんまく)】
節足動物の体節の間にある膜

【節足動物(せつそくどうぶつ)】
昆虫類、甲殻類、クモ類などの、硬い殻と関節を持つ分類群

【前胸(ぜんきょう)】
昆虫の胸部を構成する三つの部分のうち、一番前の部分

【前肢(ぜんし)】
昆虫の一番前の一対の肢

【嗉嚢(そのう)】
食道に続く消化管の膨らんだ部分で、食べ物を一時的に蓄えておく器官

【対数螺旋(たいすうらせん)】
数式で定められた曲線で描かれる幾何学模様

【脱皮(だっぴ)】
昆虫が古くなった外皮を脱ぎ捨てること

【昼行性(ちゅうこうせい)】
昼間に活動する性質(逆は夜行性)

【中肢(ちゅうし)】
昆虫の真ん中の一対の肢

【紡(つむ)ぎ疣(いぼ)】
クモ類の糸を出す器官のことで、出糸突起(しゅっしとっき)、糸疣(いといぼ)などと呼ばれる

【頭部(とうぶ)】
昆虫の体を構成する三つの部分のうち、前のもの

【腹部(ふくぶ)】
昆虫の体を構成する三つの部分のうち、後ろのもの

【糞虫(ふんちゅう)】
動物の排泄物を餌とする昆虫

【分封(ぶんぽう)】
ミツバチが新しい巣を形成すること

【片利共生動物(へんりきょうせいどうぶつ)】
片方のみが利益を受ける共生の場合、相手の養分を奪う者

【変態(へんたい)】
幼虫から成虫に成長する過程で形態を変えること

【捕食者(ほしょくしゃ)】
獲物を捕らえて餌にする生き物

【本能(ほんのう)】
持って生まれた行動様式

【膜翅目(まくしもく)】
4枚の丈夫な膜状の翅をもつ分類群、ハチ目

【繭(まゆ)】
幼虫を包む絹のおおい

【虫瘤(むしこぶ)】
植物組織が異常な発達を起こしてできるこぶ状の突起

【モグラ塚(づか)】
モグラの巣穴の上の、土がかすかに盛り上がっているところ

【夜行性(やこうせい)】
夜間に活動する性質(逆は昼行性)

【輸卵管(ゆらんかん)】
卵が運ばれる管

【蛹化(ようか)】
幼虫が蛹になるときに行う脱皮、変態のこと

【卵嚢(らんのう)】
昆虫の卵が包まれた、しなやかなあるいは硬い殻

引用文献

- 『完訳ファーブル昆虫記　全10巻』 第1巻〜第10巻(集英社)ジャン＝アンリ・ファーブル著、奥本大三郎訳、2005年〜2017年。

参考文献

1. ファーブルの著作

- 『完訳ファーブル昆虫記　全10巻』(集英社)ジャン＝アンリ・ファーブル著、奥本大三郎訳、2005〜2017年。原著は1879〜1907年に第1版(シャルル・ドグラーヴ出版)、1914〜1924年にポール＝アンリ・ファーブル撮影の写真版160頁を追加した決定版(全10巻、シャルル・ドグラーヴ出版)、1989年にイヴ・ドゥランジュによる校訂で、序文、系統樹、分析的要覧を加えた新版(全2巻、ロベール・ラフォン出版Bouquins(ブケン)叢書)が出版。
- 『ファーブル植物記』(平凡社)ジャン＝アンリ・ファーブル著、日高敏隆・林瑞枝訳、1984年。原著は1867年に出版。原書にイヴ・カンブフォールの序文を加えたベフロワ版が2001年に出版。
- *Lettres inédites à Charles Delagrave.* Textes établis, présentés et annotés par Yves Cambefort. Delagrave, 2002(.『シャルル・ドラグラーブへの手紙』校訂、紹介、注釈: イヴ・カンブフォール)
- *Récits sur les insectes, les animaux et les choses de l'agriculture.* Édition établie par Yves Delange. Actes Sud, 2002(.『農業に関わる昆虫、動物、ものごとの話』校訂: イヴ・ドゥランジュ)

2. ファーブルに関する書籍

- 『ファーブルの夏物語』(くもん出版)マーガレット・J・アンダーソン著、千葉茂樹訳、1998年
- Cambefort (Yves). *L'OEuvre de Jean-Henri Fabre.* Delagrave, 1999.
- 『ジャン・アンリ・ファーブルのきのこ221点の水彩画と解説』(同朋舎出版)Claude Caussanel著、Toshie Daniel Guez訳、1993年
- Charles-Roux (Jules). *J.-H. Fabre en Avignon.* (Reproduction de l'édition de 1 9 1 3). Culture provençale et méridionale, Marcel Petit, 1985.
- Delage(Alix). *Jean-Henri Fabre, l' observateur incomparable.* Éditions du Rouergue, 2005.
- 『ファーブル伝』(平凡社)イヴ・ドゥランジュ著、ベカエール直美訳、1992年
- Delange (Yves). *Jean-Henri Fabre et Louis Pasteur : conversation au bord de la Sorgue.* L'Harmattan, 2011.
- Pinault-Sørensen (Madeleine), directrice de l'ouvrage. *De l'homme et des insectes : Jean-*

Henri Fabre (1823-1915). Fondation EDF et Somogy, 2003.
- Slézec (Anne-Marie). *Jean-Henri Fabre en son harmas de 1879 à 1915*. Édisud, 2011.
- Tort(Patrick). *Fabre : le miroir aux insectes*. Vuibert, 2002.

3. 昆虫に関する書籍

昆虫に関する書籍は数多くあるが、特に次のものがお勧め。

- Chinery (Michael). *Insectes de France et d' Europe occidentale*. Flammarion, 2012.

4. インターネット

- フランス国立図書館の電子図書館「Gallica（ガリカ）」で、ファーブルの多くの著作を利用できる。
  http://gallica.bnf.fr/
- ジャン＝アンリ・ファーブル専門のウエブサイト。ファーブルの主要な著作をはじめ、多くの情報や資料を提供。
  http://www.e-fabre.com/

索引